細胞の中の分子生物学

最新・生命科学入門

森　和俊　著

ブルーバックス

カバー装幀／芦澤泰偉・児崎雅淑
カバーイラスト／木野鳥乎
目次、本文デザイン／齋藤ひさの（STUDIO BEAT）
本文図版／飯塚浩史
編集協力／佐藤成美

はじめに

私は、今でこそ生物学の教授をしていますが、じつは、大学へ入るまでは生物という科目が嫌いでした。

高校1年で生物Iを学びました。動物の細胞と植物の細胞を比較すると、内部に共通して存在するもの（核、ゴルジ体、ミトコンドリア）もあるのですが、植物の細胞には葉緑体や液胞が入っています。動物細胞も植物細胞も細胞膜で囲まれているのですが、植物細胞の場合はさらに細胞壁が取り囲んでいます。こんなふうに、生物は生物ごとに違う仕組みを使っているように思えました。

細胞分裂のところでは、有糸《ゆうし》分裂を習いました。細胞が分裂するときになぜ糸が出てくるのか、わけがわかりませんでした。しかも、分裂が進むにしたがって糸の様子が変わっていく間期・前期・中期・後期・終期の特徴をそれぞれ覚えなければなりません。こんな暗記科目は無理だと思い、生物IIは履修しませんでした。

そんな私が変わったのは、大学1回生のとき、1977年のことでした。新聞記事で利根川進博士（１９８７年ノーベル生理学・医学賞受賞）のご活躍を知り、分子生物学という未知なるものに遭遇したことがきっかけです。

興味を持っていろいろと本を読んでいるうちに、まず遺伝物質はＤＮＡであり、ＤＮＡにタンパク質の情報が暗号化されて書き込まれていることを知りました。へぇ、生物って暗号を解読しながら生きているんだ、とわかり、小学生の頃「シャーロック・ホームズの冒険」や「怪盗ルパン」をワクワクしながら読んだミステリー好きの私の好奇心がかき立てられました。

さらに、この遺伝暗号が大腸菌からヒトまで共通だと知り、暗記科目だと思っていた生物にも、とてもシンプルな根本原理が存在することに本当に驚きました。しかもこの原理を活用すれば、遺伝子工学によってヒトのタンパク質を大腸菌で大量生産することができるといいます。私はその将来性に惹かれ、生物学を学びたいと思い転向したのです。

以来、40年近く生物学の研究をしてきました。細胞って本当によくできているなぁという感慨でいっぱいです。本書は、そんな生物学・細胞研究の面白さを一般の方々にお伝えするため、できるだけ平易に書き下ろしたものです。ぜひ最後までお付き合いください。難しいところもあるでしょうが（ややこしいところは、章末コラムとして読み飛ばせるようにしました）、読み通すことができれば、きっとあなたも生物学好きになるはずです。ノーベル賞ネタを満載しましたので、毎年10月初めの発表が待ち遠しくなること請け合いです。

本書の理解に化学の基礎知識は必要です。分子は原子からできていましたよね。スイ（H）ヘー（He）リー（Li）ベ（Be）ボ（B）ク（C）ノ（N・O）フ（F）ネ（Ne）ソー（Na）マガル（Mg・Al）シッ（Si）プ（P）ス（S）クラー（Cl・Ar）ク（K）カ（Ca）、という原子の周期律表の覚え方は、けっこう皆さんの頭の中に残っているのではないでしょうか。高校生になる私の娘は、ナナ（Na）マガリ（Mg）アル（Al）等と習っているので、時代によって多少覚え方が違っているかもしれません。これら20種の中でも、生物がよく使う原子は、水素（H）、炭素（C）、窒素（N）、酸素（O）、リン（燐、P）、イオウ（硫黄、S）の6種類です。本書にはほぼこれだけしか出てきません。

原子が集まって分子になります。原子間にできる共有結合って、何を共有しているかわかりますか。答えは電子ですが、原子と原子が強く結合していて簡単には切り離せないのが、共有結合と理解してもらえれば十分です。

生物が最も多量に使っている原子は炭素（C）です。炭素は4つの共有結合を作ることができるため、複雑な化合物を作りやすくなっています。こうして作られる炭素を含む物質を、有機化合物と呼びます。

一方、水素原子は近くの窒素や酸素などと緩やかに結合して水素結合を形成することができます。水素結合は共有結合ではないため、比較的簡単に切り離すことができます。

子供の頃、液体が酸性かアルカリ性（塩基《えんき》性）かをリトマス試験紙で調べましたよね。酸性というと、食べ物を溶かす胃酸を思い浮かべるかもしれませんが、これはpHでいうと1〜1・5くらいで、かなり強い酸性です。しかし、本書で扱うのはもっと繊細な領域です。細胞内は中性pHの状態にあり（pH7くらい）、このときマイナスの電荷（マイナスの電気量）を持っていれば酸性、プラスの電荷（プラスの電気量）を持っていれば塩基性と呼びます。マイナスの電荷を持っている酸性の分子と、プラスの電荷を持っている塩基性の分子は、当然引きつけ合いますよね。これをイオン結合といって、共有結合と水素結合の中間くらいの強さです。

肩の力を抜いてぜひお楽しみください。

もくじ ―― 細胞の中の分子生物学

第2章 遺伝子からゲノムへ

第3章 DNAからタンパク質へ

第4章 細胞から細胞内小器官へ

第5章 タンパク質の形成と分解

第6章 驚異の復元力——小胞体ストレス応答の発見

第7章 生命の基盤を解き明かす
——ヒトの小胞体ストレス応答研究の最前線

第1章

物質から生命へ

生物とは

生物あるいは生命とはいったい何でしょう。これは突き詰めていくと哲学的でさえある問題ですが、私はプラクティカル（実践的）な人間なのでそこには深入りせず、まずは典型的な生物の特徴を見ながらその本質を考えていくことにしましょう。

地球上の生物はすべて、油性の膜（脂質二重層）で囲まれた「細胞」という基本単位からできています（図1・1）。細胞は英語ではセル（cell）といいます。この細胞説が提案されたのは2世紀も前のことで、1838年にマティアス・ヤーコプ・シュライデンが植物について、1839年にテオドール・シュワンが動物と植物について論文を発表しています。この「細胞」が分裂して自己増殖する（自分で自分を増やす）ことこそが、生物の最大の特徴といってよいでしょう。

生物には、大腸菌や酵母のように、ひとつひとつの細胞が独立して生命活動を営む単細胞生物もいれば、動物や植物のように、いくつもの細胞が寄り合わさって役割分担しながら生きている多細胞生物もいます。大腸菌は、その名の通りの腸内細菌で、分子生物学者が愛して止まない微生物です。酵母は、いろんな種類が存在する微生物ですが、パンやお酒を造るときに使われるのは出芽酵母《しゅつがこうぼ》で、後述するように分子生物学の研究対象にもなっています。

大人の人間はなんと60兆個もの細胞からできています（37兆個という説もあります）。一方、

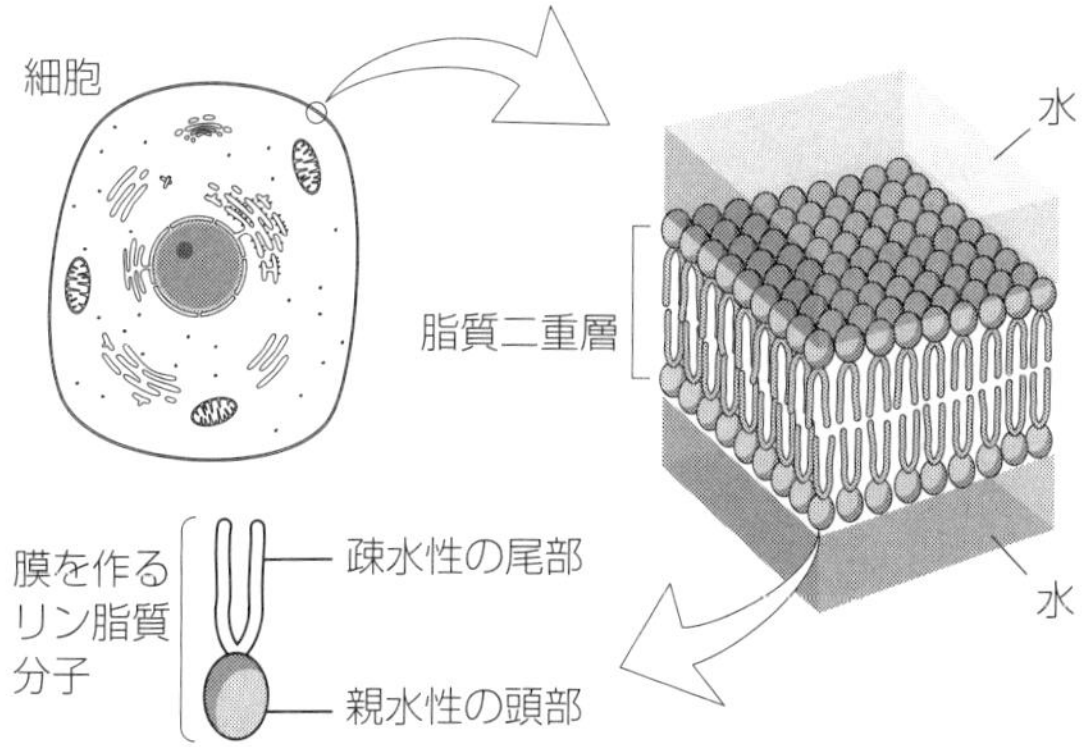

図1.1 細胞と細胞膜

エボラ出血熱、インフルエンザ、エイズ（後天性免疫不全症候群）といった感染症の原因となっているウイルスは、生物と無生物の中間に位置するもので、自己増殖をしますが、細胞を持っていません。これらのウイルスは人間などの宿主の細胞内に潜り込んで、後述する宿主のさまざまな装置を使って増殖し、細胞から飛び出していきます。

生体高分子

細胞が分裂して自己増殖する際に、元の細胞（母細胞）が持っていた形質は、どのようにして2つの新しい細胞（娘細胞）に正しく伝えられるのでしょうか（図1・2）。形質とは生物が持つ性質のことです。性を獲得し生殖をすることができるようになった生物では、親の形質が子に受け継がれます。この「遺伝」をつかさどる物質の本体は何なのか、これが長い間の論

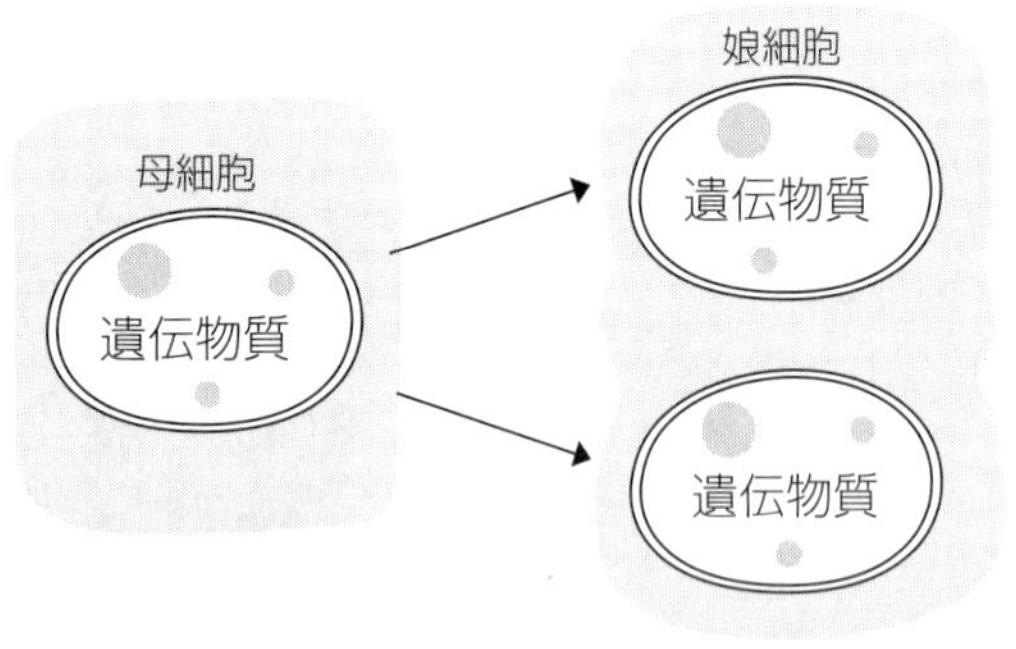

図1.2 なぜ形質は遺伝するのだろう?

争の的でした。

生物は増殖する点で、石などの無生物とは違う存在です。しかし、ほかのすべての物質と同じように、いくつもの原子が組み合わさった分子からなる、物質的な存在です。原子の種類としては、水素、炭素、窒素、酸素、リン（燐）、イオウ（硫黄）などが多く使われていますが、これらはいずれも生物に固有の（生物だけが持つ）原子というわけではありません。ですが、分子のレベルで見ると、生物に特徴的といえる物質で、分子量が大きいものがいくつも存在します。これらはまとめて「生体高分子」と呼ばれています。

細胞がどんな物質からできているかは、分析すればわかります。大腸菌細胞を調べると、その70％は水で、4％がイオンや分子量の小さい化合物でした。残りの26％が生体高分子で、多いものから順番に並べると、タンパク質（15％）、RNA《アールエヌエー》（6％）、糖（2％）、脂質（2％）、DNA

（1％）となります。ヒトの細胞でも、この割合はさほど大きくは変わりません。

糖や脂質は栄養分としてよく知られていると思います。生体内では糖はエネルギー源として、脂質のうち、中性脂肪はエネルギー貯蔵、リン脂質は生体膜の成分として重要です。水の次に多いタンパク質は、20種類のアミノ酸がさまざまな組み合わせで一列につながった生体高分子で、第2章で詳しく解説します。

ＲＮＡとＤＮＡはともに「核酸《かくさん》」と呼ばれる物質に分類されるもので、１８６９年にフリードリッヒ・ミーシャーによって核（第4章で解説します）内に存在する酸性（「はじめに」を参照）の物質として発見されました。そのため、英語略称の２つ目と３つ目に核酸（Nucleic Acid）の頭文字のNとAが使われています。

ＲＮＡとＤＮＡの基本的な構造は同じで、ともに塩基《えんき》、五炭糖《ごたんとう》、リン酸が結合した「ヌクレオチド（nucleotide）」を基本単位としています（図１・３）。ＲＮＡもＤＮＡも、この基本単位が一列に多数連なった生体高分子です。

ヌクレオチドを構成する塩基とは、細胞内の中性のpHでプラスの電荷（電気量）を１つ持っている部分で、五炭糖とは、炭素を5個含む糖のことです。これらに加えて、マイナスの電荷を2つ持つリン酸（PO_3^{2-}）が含まれていることが、酸性物質として核酸が発見されたゆえんです。ここらへんで急に化学構造式や英単語が出てきて「難しい」と思われるかもしれませんが、ある

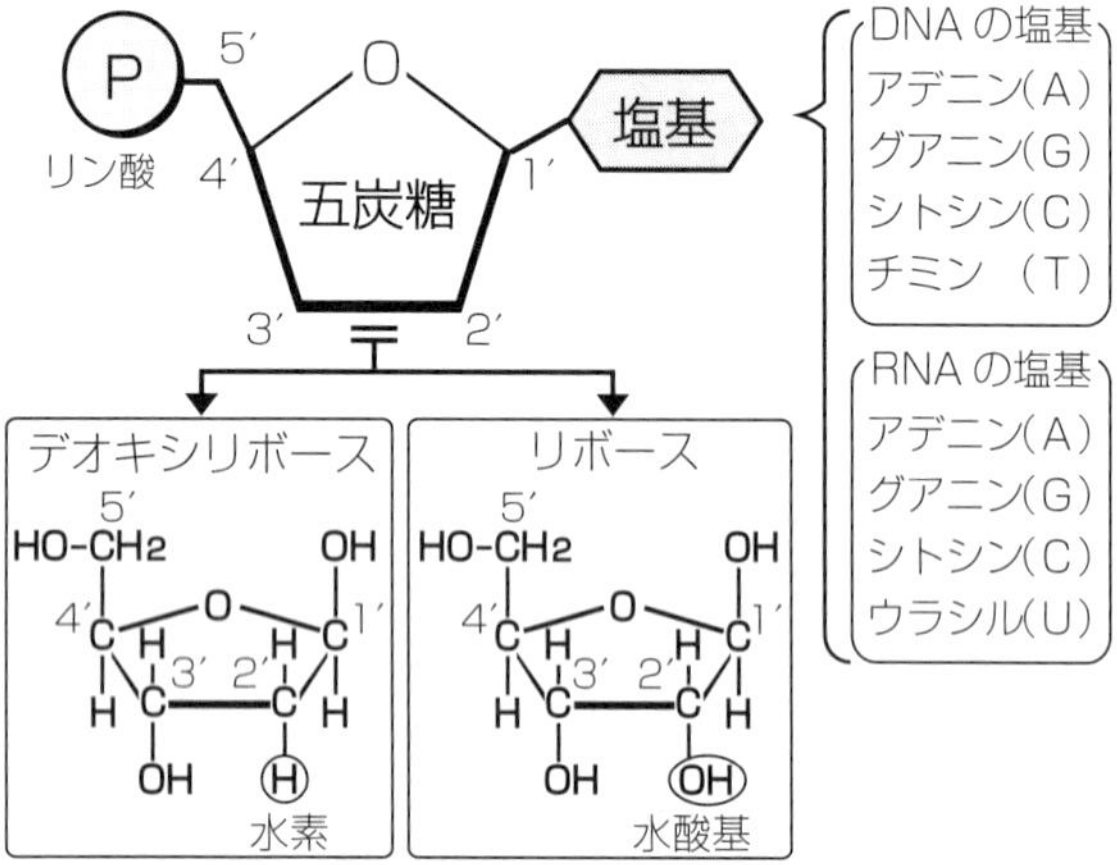

図1.3 ヌクレオチドの構造

程度化学的に理解できると、分子生物学の視野はぐんと広がります。少しの間辛抱してください。すぐに峠を越えます。

RNAとDNAのいちばん大きな違いは、五炭糖の部分にあります。ヌクレオチドを構成する炭素は、それぞれに番号をふって区別します。通常の1、2、3……という番号は、塩基内の炭素にあてがいますので、五炭糖内の5個の炭素には1′(イチダッシュと読みます。以下同様)、2′、3′、4′、5′が当てられます。

RNAでは2′の炭素に水酸基(-OH)が結合しています。この五炭糖構造を「リボース」といいます。RNAのRはリボース(ribose)の頭文字で、日本語名称はリボ核酸です。DNAでは2′の炭素に水素原子(-H)が結合していて、デオキシリボースと呼ばれます(酸素原子

＝オキシゲンがないリボースという意味です）。ＤＮＡのＤはデオキシリボース（deoxyribose）の頭文字で、日本語名称はデオキシリボ核酸です。

このように、2'の炭素のところに１個の酸素原子があるかないかだけの違いなのですが、これがＲＮＡとＤＮＡの安定性に大きな違いを生み出しています。これについては第２章で説明します。

ＤＮＡの塩基としてアデニン（Ａ）、グアニン（Ｇ）、チミン（Ｔ）、シトシン（Ｃ）の４種類があります。これらの複雑な化学構造式を理解しなくても大丈夫です。このうちの１つの塩基と、デオキシリボース、リン酸が結合したヌクレオチドという基本単位が一列に多数連なったのがＤＮＡです（図１・４左）。どのヌクレオチドを見ても、デオキシリボースとリン酸部分は共通ですから、個々のＤＮＡを特徴づけているのは塩基部分になります。

４つの塩基Ａ、Ｇ、Ｔ、Ｃを文字と考え、それらがどのような順番でつながっているかという文字情報を「塩基配列」と呼んでいます。遺伝物質の本体がＤＮＡであることは、今では子供でも知っていると思いますが、ＤＮＡが持つ遺伝情報とは、ＤＮＡの塩基配列であるといっても過言ではありません。ＤＮＡの塩基配列には向きがあり、図１・４の場合は上から読んでＡＧＴＴＡＣとなります（章末コラム１参照）。

一方、ＲＮＡの塩基にはアデニン（Ａ）、グアニン（Ｇ）、シトシン（Ｃ）、ウラシル（Ｕ）の

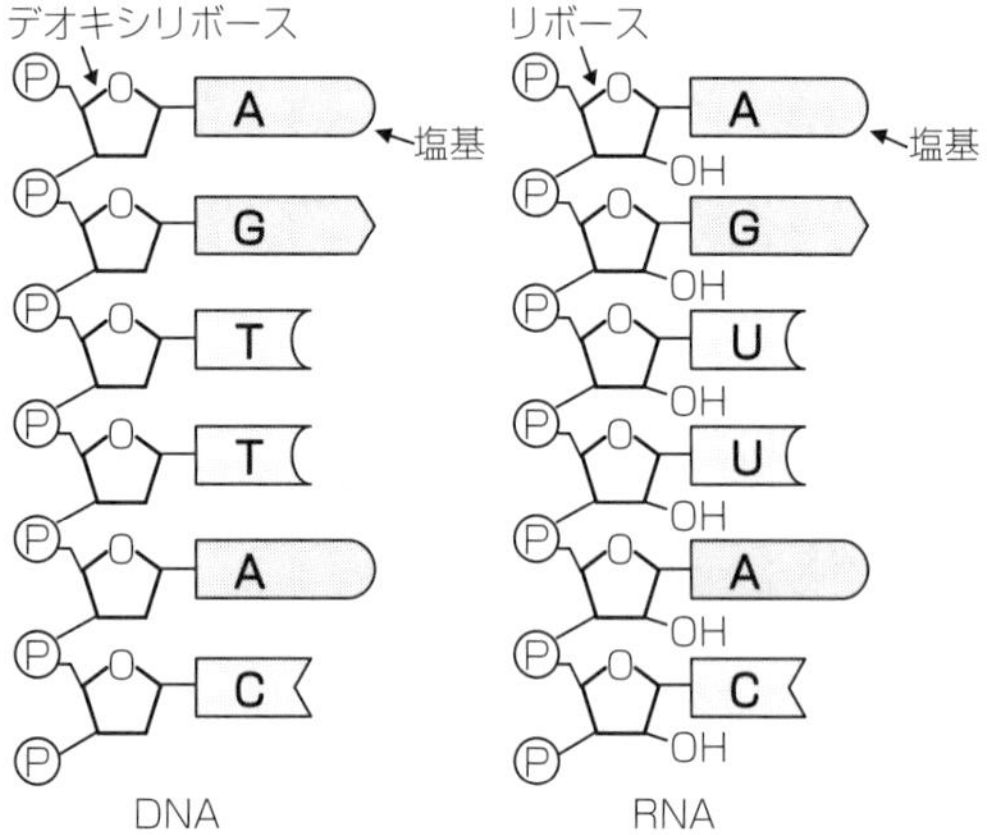

図1.4 DNAとRNAの塩基配列

4種類があります。DNAではチミン（T）だった塩基が、RNAではウラシル（U）に置き換わっています。この違いにも意味があるのですが、これも第2章で解説します。

これら4つの塩基のうちの1個とリボース、リン酸が結合したヌクレオチドという基本単位が一列に多数連なったのがRNAです（図1・4右）。RNAの機能（働き）においても、4つの塩基A、G、C、Uがどのような順番でつながっているかという文字情報＝塩基配列が重要です。図1・4のRNAの塩基配列は、上から読んでAGUUACとなります。

19世紀に発見されたDNAですが、それが遺伝物質であると皆が納得したのは1953年のことです。それまでは、タンパク質が遺伝物質であると考える人のほうが多かったのです。理由は単純明快で、ＤＮＡには４種類の構成要素（Ａ、Ｇ、Ｔ、Ｃの４種類の塩基）しかないのに対して、タンパク質には20種類もの構成要素（20種類のアミノ酸）があるからです。タンパク質のような複雑な組み合わせができる物質でないと、極めて複雑に見える遺伝は説明できないだろうと考えられていたのですね。

遺伝物質を突き止める

ＤＮＡが遺伝物質であると認められるまでのとても興味深い歴史を紹介しましょう。ここからはしばらくの間、化学構造式やＤＮＡ以外の英単語は出てきませんのでご安心ください。

遺伝物質がＤＮＡであることを最初に証明したのは、１９４４年に行われた「アベリーの実験」です（図１・５）。オズワルド・アベリー（エイブリーとする文献もあります）という細菌の研究者が、１９２８年にフレデリック・グリフィスが見つけた「形質転換」という現象に関する研究を発展させました。

医師であったグリフィスは、肺炎を引き起こす肺炎双球菌に関心を持っていました。第一次世界大戦（１９１４〜１９１８）で新型インフルエンザ（１９１３年型ウイルス）が猛威をふるい、大勢の若い兵士が命を落としました。しかし、インフルエンザウイルスに感染したことはきっかけで、直接の死因は肺炎が多かったようです。グリフィスは、肺炎双球菌に対するワクチン

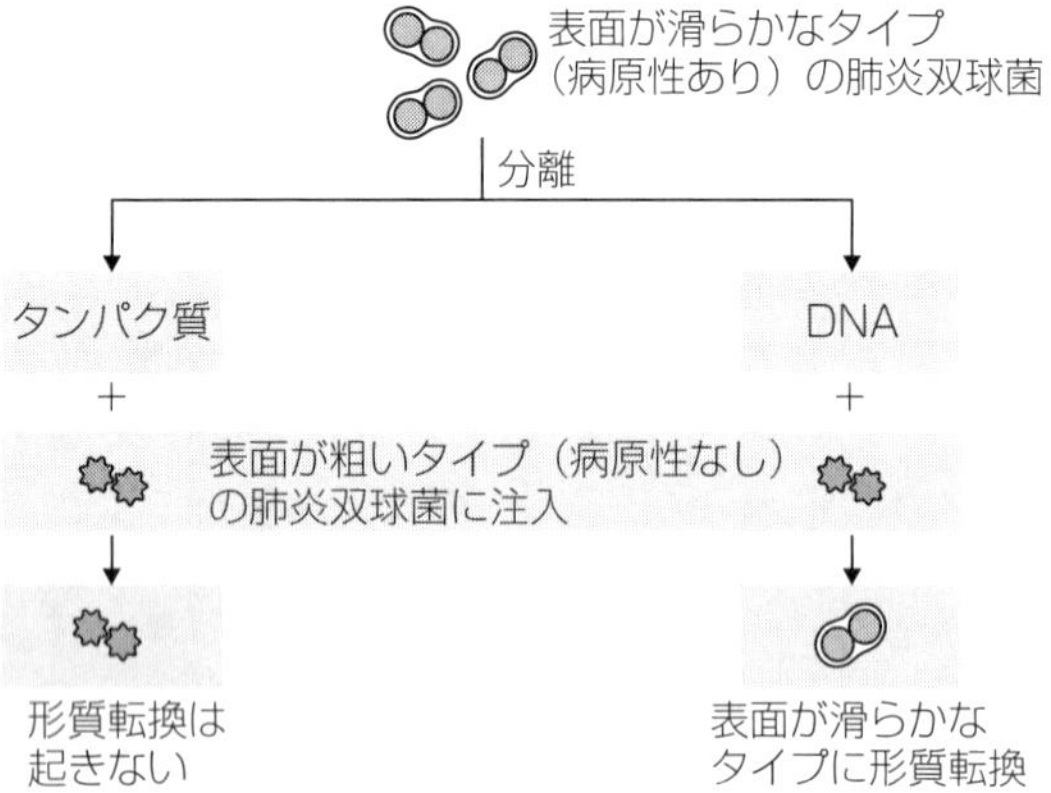

図1.5 アベリーの実験

を作ろうと研究を始めていました。

肺炎双球菌は、２つの豆がサヤに入ったような形をしています。培養すると、表面が滑らかなタイプの菌と、表面が粗いでこぼこしたタイプの菌が存在することがわかりました。見た目以外にも、この２つのタイプには重要な違いがありました。粗いタイプの菌には病原性はなく、滑らかなタイプの菌が感染すると肺炎になることです。

グリフィスは、粗いタイプの菌に、加熱殺菌した滑らかなタイプの菌を加えてマウスに投与すると肺炎を起こすことを発見しました。死んだ滑らかなタイプの菌に残っていた何らかの物質が粗いタイプの菌に取り込まれた結果、形質（細胞が持つ性質）が変わった（転換した）のだろうとグリフィスは考え、これを形質転換と名づけました。

アベリーは、滑らかなタイプの菌からＤＮＡとタンパク質を慎重に分離して、粗いタイプの菌に注入し、形質転換が起きるかどうかを調べました。その結果、タンパク質を入れても形質転換は起きないけれども、ＤＮＡを入れれば形質転換が起きることがわかり、遺伝をつかさどるのはタンパク質ではなく、ＤＮＡであることを突き止めました。ＤＮＡこそが遺伝物質、すなわち生命体を生命体たらしめる設計図だったのです。しかも、この原理原則は地球上のすべての生物で成立するのです。

その後、別の視点からも、遺伝物質はタンパク質ではなくＤＮＡであることが証明されました。１９５２年にアルフレッド・ハーシーとマーサ・チェイスが行った実験です。大腸菌に感染するＴ２ファージというウイルスを使い、目印をつけたタンパク質とＤＮＡの挙動（ふるまい）を追跡し、ＤＮＡが遺伝物質であることを突き止めたのです（詳しくは章末コラム２をご覧ください）。ハーシーはこの研究により、１９６９年のノーベル生理学・医学賞を受賞しています。

しかしながら、「アベリーの実験」や「ハーシーとチェイスの実験」後も、ＤＮＡがどのようにして遺伝をつかさどっているのかはまったく不明でした。

先に述べたように、ＤＮＡは文字の代わりとなるＡ、Ｇ、Ｔ、Ｃが連なってできています。英語は26種類のアルファベット、日本語は46の仮名文字と濁音や半濁音で表すことができるように、地球上の生物の設計図はＤＮＡを構成する４種類の文字で表されています。あまりに少ないように感じられるかもしれませんが、４種類の文字を組み合わせて使うことによって、生命活動に必要な情報を担うことができるのです。

二重らせん構造の発見

「アベリーの実験」以降、多くの研究者がDNAの立体構造を決めれば遺伝の仕組みがわかるのではないかと考え、激しい競争を繰り広げました。競争相手の研究室を訪ねて、研究がどこまで進んでいるか探りを入れるようなことまで行われていたようです。

生体高分子の立体構造を決めるには、当時も現在も、X線結晶構造解析を行うのが主流です。X線結晶構造解析とは、雪の結晶のように生体高分子の結晶を作り、そこにX線を当て、いわばレントゲン写真を撮って立体構造を解明するという手法です。タンパク質の場合も同じように、まず結晶を作り、その結晶にX線を当てると、結晶を作っているタンパク質の立体構造がわかります。

タンパク質のX線結晶構造解析に初めて成功したのは、ジョン・ケンドリューとマックス・ペルーツです。DNAの構造解析より遅れること5年、1958年にミオグロビンという名のタンパク質の構造を決定し、その功績により彼らは1962年にノーベル化学賞を受賞しています。結晶を作るには大量のタンパク質を必要とすることから、彼らはなんとクジラからミオグロビンを精製（純品にすること）していました。

さて、話をＤＮＡに戻しましょう。激しい競争を勝ち抜き、ＤＮＡのX線結晶構造解析の結果に基づいて、１９５３年に科学誌「ネイチャー」にＤＮＡの「二重らせん（double helix）」構造を発表したのは、ジェームズ・ワトソンとフランシス・クリックでした。このときクリックは36歳、ワトソンにいたっては25歳という若さでした。

実質１ページ程度のごく短い論文ですが、この発見によって遺伝の仕組みが見事に解明されました（図１・６）。１９５３年は分子生物学が幕開けした特別な年として人々の記憶に残り、その年から10年後、20年後と10周年ごとに科学誌が特集を組んだり、学会で記念シンポジウムが開かれたりしています。

このように記述すると、誰しもワトソンとクリックがＤＮＡのX線結晶構造解析を行ったと考えるでしょう。しかし、実際にX線を当てて写真を撮影したのは、ロザリンド・フランクリンという若い女性研究者でした。彼女のX線結晶構造解析の写真が、同僚で４歳年上のモーリス・ウィルキンスの手を経てワトソンとクリックに届けられ、二重らせん構造の発見へとつながったのです。これについては、フランクリンの未発表写真をウィルキンスが密かに手に入れ、ワトソンらにこっそり見せたという疑惑まで報じられています。事の真偽を含め、詳細については何冊もの本が出ていますので、ぜひ読んでみてください。

少し時代を遡りますが、１９４９年、エルヴィン・シャルガフはさまざまな生物種のＤＮＡを

equipment, and to Dr. G. E. R. Deacon and the captain and officers of R.R.S. *Discovery II* for their part in making the observations.

[1] Young, F. B., Gerrard, H., and Jevons, W., *Phil. Mag.*, **40**, 149 (1920).

[2] Longuet-Higgins, M. S., *Mon. Not. Roy. Astro. Soc., Geophys. Supp.*, **5**, 285 (1949).

[3] Von Arx, W. S., Woods Hole Papers in Phys. Oceanog. Meteor., **11** (3) (1950).

[4] Ekman, V. W., *Arkiv. Mat. Astron. Fysik. (Stockholm)*, **2** (11) (1905).

MOLECULAR STRUCTURE OF NUCLEIC ACIDS

A Structure for Deoxyribose Nucleic Acid

We wish to suggest a structure for the salt of deoxyribose nucleic acid (D.N.A.). This structure has novel features which are of considerable biological interest.

A structure for nucleic acid has already been proposed by Pauling and Corey[1]. They kindly made their manuscript available to us in advance of publication. Their model consists of three intertwined chains, with the phosphates near the fibre axis, and the bases on the outside. In our opinion, this structure is unsatisfactory for two reasons: (1) We believe that the material which gives the X-ray diagrams is the salt, not the free acid. Without the acidic hydrogen atoms it is not clear what forces would hold the structure together, especially as the negatively charged phosphates near the axis will repel each other. (2) Some of the van der Waals distances appear to be too small.

Another three-chain structure has also been suggested by Fraser (in the press). In his model the phosphates are on the outside and the bases on the inside, linked together by hydrogen bonds. This structure as described is rather ill-defined, and for this reason we shall not comment on it.

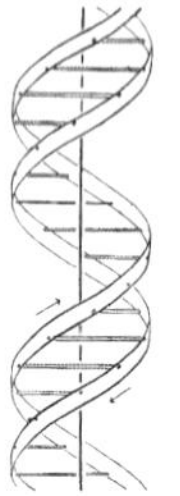

This figure is purely diagrammatic. The two ribbons symbolize the two phosphate—sugar chains, and the horizontal rods the pairs of bases holding the chains together. The vertical line marks the fibre axis

We wish to put forward a radically different structure for the salt of deoxyribose nucleic acid. This structure has two helical chains each coiled round the same axis (see diagram). We have made the usual chemical assumptions, namely, that each chain consists of phosphate diester groups joining β-D-deoxyribofuranose residues with 3′,5′ linkages. The two chains (but not their bases) are related by a dyad perpendicular to the fibre axis. Both chains follow right-handed helices, but owing to the dyad the sequences of the atoms in the two chains run in opposite directions. Each chain loosely resembles Furberg's[2] model No. 1; that is, the bases are on the inside of the helix and the phosphates on the outside. The configuration of the sugar and the atoms near it is close to Furberg's 'standard configuration', the sugar being roughly perpendicular to the attached base. There is a residue on each chain every 3·4 A. in the z-direction. We have assumed an angle of 36° between adjacent residues in the same chain, so that the structure repeats after 10 residues on each chain, that is, after 34 A. The distance of a phosphorus atom from the fibre axis is 10 A. As the phosphates are on the outside, cations have easy access to them.

The structure is an open one, and its water content is rather high. At lower water contents we would expect the bases to tilt so that the structure could become more compact.

The novel feature of the structure is the manner in which the two chains are held together by the purine and pyrimidine bases. The planes of the bases are perpendicular to the fibre axis. They are joined together in pairs, a single base from one chain being hydrogen-bonded to a single base from the other chain, so that the two lie side by side with identical z-co-ordinates. One of the pair must be a purine and the other a pyrimidine for bonding to occur. The hydrogen bonds are made as follows: purine position 1 to pyrimidine position 1; purine position 6 to pyrimidine position 6.

If it is assumed that the bases only occur in the structure in the most plausible tautomeric forms (that is, with the keto rather than the enol configurations) it is found that only specific pairs of bases can bond together. These pairs are: adenine (purine) with thymine (pyrimidine), and guanine (purine) with cytosine (pyrimidine).

In other words, if an adenine forms one member of a pair, on either chain, then on these assumptions the other member must be thymine; similarly for guanine and cytosine. The sequence of bases on a single chain does not appear to be restricted in any way. However, if only specific pairs of bases can be formed, it follows that if the sequence of bases on one chain is given, then the sequence on the other chain is automatically determined.

It has been found experimentally[3,4] that the ratio of the amounts of adenine to thymine, and the ratio of guanine to cytosine, are always very close to unity for deoxyribose nucleic acid.

It is probably impossible to build this structure with a ribose sugar in place of the deoxyribose, as the extra oxygen atom would make too close a van der Waals contact.

The previously published X-ray data[5,6] on deoxyribose nucleic acid are insufficient for a rigorous test of our structure. So far as we can tell, it is roughly compatible with the experimental data, but it must be regarded as unproved until it has been checked against more exact results. Some of these are given in the following communications. We were not aware of the details of the results presented there when we devised our structure, which rests mainly though not entirely on published experimental data and stereochemical arguments.

It has not escaped our notice that the specific pairing we have postulated immediately suggests a possible copying mechanism for the genetic material.

Full details of the structure, including the conditions assumed in building it, together with a set of co-ordinates for the atoms, will be published elsewhere.

We are much indebted to Dr. Jerry Donohue for constant advice and criticism, especially on interatomic distances. We have also been stimulated by a knowledge of the general nature of the unpublished experimental results and ideas of Dr. M. H. F. Wilkins, Dr. R. E. Franklin and their co-workers at

図1.6 「ネイチャー」に掲載された二重らせんの論文

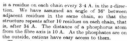

分析し、ある発見をしました。どのような生物でも、4種類の塩基のうち、AとTの含有量（含まれている量）がほぼ同じで、さらにGとCの含有量もほぼ同じだったのです。この発見は、シャルガフの法則と呼ばれています。

ワトソンとクリックは、DNAがどういう立体構造をしていれば、シャルガフの法則と、DNAがらせん構造をとっていることを示すフランクリンの写真結果を満足させるのか、ヌクレオチドを型紙で作った分子模型を使って考え抜きました。そしてついに、AとT、GとCがそれぞれ2個と3個の水素結合（「はじめに」を参照）を介して対《つい》になっているためにシャルガフの法則が成立すること（図1・7）、さらに、DNAが2本絡み合って「二重らせん構造」をとっていることを見いだしたのです（図1・8）。

はしごをひねってらせん状にしたイメージを思い浮かべてみてください。はしごの縦木（両手でつかむところ）はデオキシリボースがリン酸を介して連なったもので、DNA鎖《さ》といいます。はしごの横木（足で踏むところ）になっているのが、塩基であるAとT、あるいはGとCの対です。対になる相手が決まっているため、片方のDNA鎖の塩基配列（塩基が並ぶ順番）が決まれば、同時に、対となっているもう片方のDNA鎖の塩基配列が自動的に決定するという、じつに巧妙な（よくできた）仕組みになっています（後で詳しく説明します）。相補的《そうほてき》結合と呼ばれるこの仕組みが、地球上の生物を支える根本原理です。

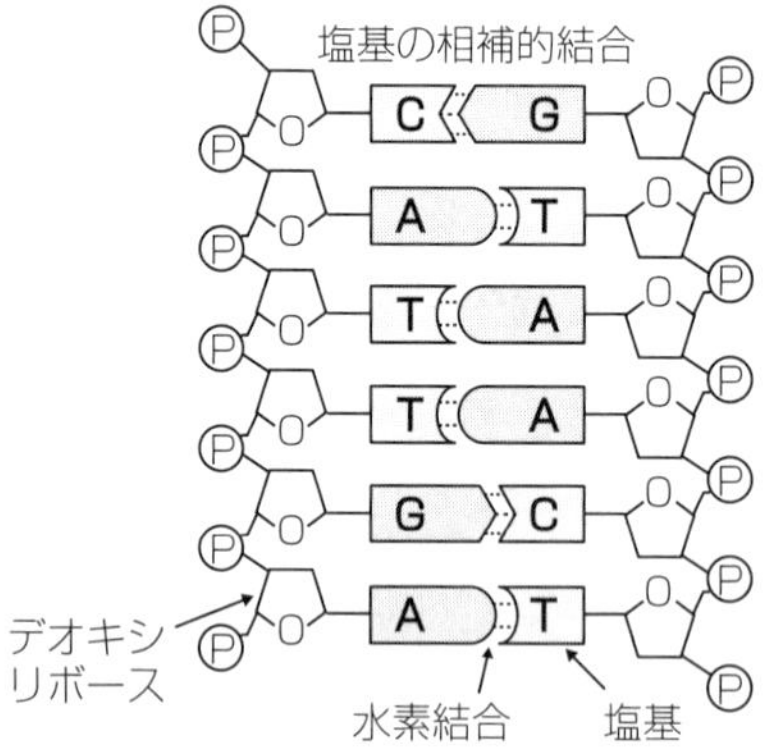

図1.7 塩基の相補的結合

通常横書きにするDNAを縦書きにした都合で、左側の塩基配列が図1.4の塩基配列と上下逆さまになっていることにご注意ください（章末コラム1参照）。

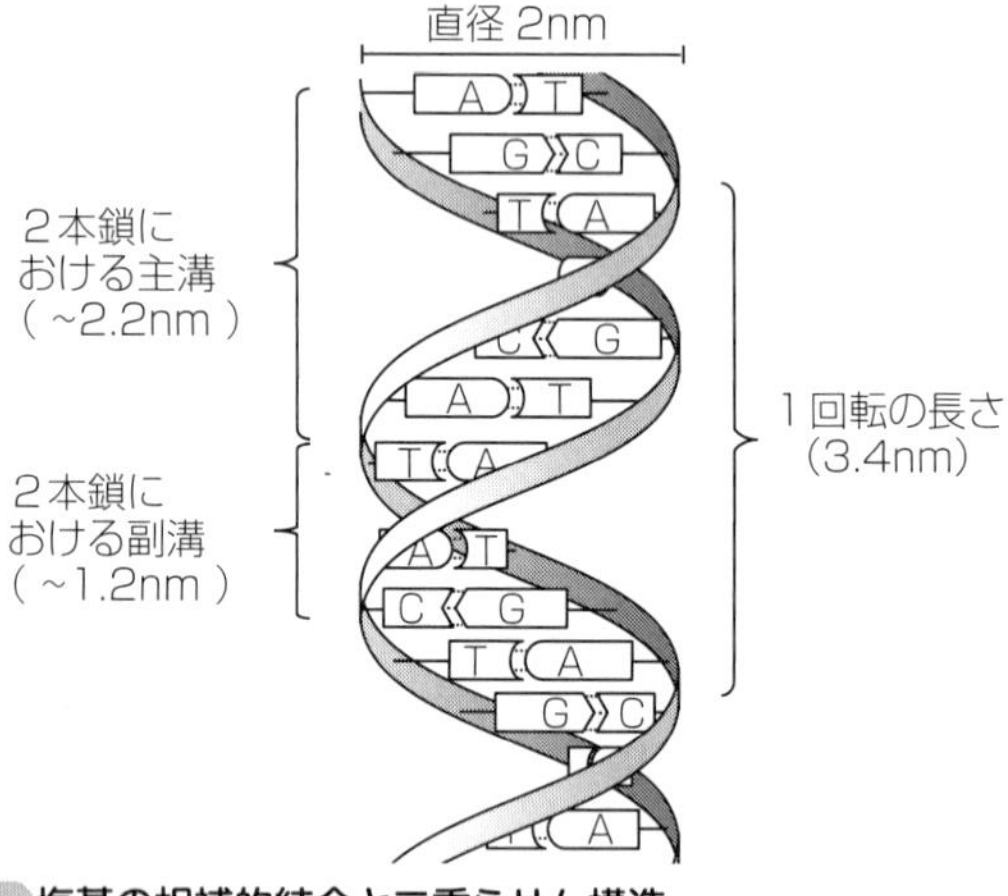

図1.8 塩基の相補的結合と二重らせん構造

フランクリンが撮った写真に基づいて完成した二重らせんモデルだったにもかかわらず、生命科学の研究領域において最重要論文の一つとなった１９５３年「ネイチャー」論文の著者はワトソンとクリックのみで、フランクリンとウィルキンスは入っていません。そして、１９６２年のノーベル生理学・医学賞は、ワトソン、クリック、ウィルキンスに与えられました。フランクリンは１９５８年に37歳の若さで亡くなっていたのです。

ワトソンとクリック

１９５３年に25歳でＤＮＡの二重らせん構造を示したワトソンは、２０１６年現在、ご存命です。私は2回ワトソンにお目にかかっています。残念なことに、彼は２００７年に人種差別発言をしてしまい、表舞台にはまったく登場しなくなってしまいました。２０１４年に、彼がノーベル賞のメダルを競売にかけたことが話題になりましたが、このような形でしか彼の消息を聞くことができなくなったのは、寂しい気がしています。彼のノーベル賞のメダルは、その後、落札したロシアの富豪が無償で返したと報道されています。

一方のクリックは２００４年に88歳で他界しましたが、大学では物理学を専攻していて、生物学の研究を始めたのは第二次世界大戦（１９３９〜１９４５）が終わってからです。当時、クリックのように物理学から生物学へと身を転じる研究者は何人もいました。これは、量子力学の大家で、1933年にノーベル物理学賞を受賞したエルヴィン・シュレディンガーの影響が大きいとされています。

シュレディンガーは、量子力学の基本をなす「シュレディンガーの方程式」や、量子論の奇妙な世界をうまく説明した「シュレディンガーの猫」にその名を残す、20世紀物理学における大物中の大物です。

シュレディンガー自身は生物学に転じることはなかったのですが、1943年に「生命とは何か（What is life?）」という伝説的な講義を行いました。物理理論の視点から、生命現象とそれを支えている遺伝子という物質について論じたのです。翌1944年には、この講義録は本として出版されています。この影響を受けて、物理学から生物学へと転向した研究者たちの中には、分子生物学の礎を築いた人がたくさんいます。クリックもその一人です。私が所属する生物物理学教室という名称も、この潮流に由来しています。

DNAの立体構造を解明する競争に惜しくも敗れた研究者の中には、たとえばライナス・ポーリングがいます。ポーリングは、化学結合を考えるときに量子論の視点を最初に取り入れた一人で、当時すでに著名な化学者でした。ポーリングは、ワトソンとクリックが二重らせん構造のモデルを発表する前に、三重らせん構造のモデルを発表していました。後から振り返ると、このモデルは実際のDNAの姿にかなり近かったのですが、リン酸の取り扱いに問題のあったポーリングのモデルではDNAが酸性にはならず、事実と矛盾していました。

DNAの構造解析では負けてしまったポーリングですが、ワトソンとクリックが二重らせんモデルを発表した翌年の1954年に、化学結合の研究でノーベル化学賞を単独で受賞しています。タンパク質内の基本的な立体構造である2つの形、α《アルファ》ヘリックスとβ《ベータ》シート（第2章で解説します）を解明したのもポーリングですし、鎌状赤血球貧血症の研究から、異常なタンパク質を持つことが遺伝病の原因であることを1940年代に最初に突き止めたのも彼です。

ポーリングはまた、核兵器の廃絶運動にも熱心だったため、1962年にはノーベル平和賞を受賞しています。ノーベル賞を2回受賞した科学者はマリー・キュリーをはじめ何人かいますが、平和賞と化学賞の組み合わせは今のところポーリングだけです。

遺伝情報を複製する

ワトソンとクリックのDNA二重らせん構造は、なぜすぐに受け入れられ、旧来の「タンパク質＝遺伝物質」説を覆すことができたのでしょうか。それは、彼らの実質1ページほどの短い論文の最初と最後で、「我々は、この二重らせん構造が持つ生物学的意味の重要性を見逃してはいない」といった趣旨のことが書かれているように、DNAが正確に複製（コピー）される仕組みを明快に説明できたからです。

1つの細胞が2つの細胞へと分裂するときには、元の母細胞内に1組存在した「遺伝物質＝DNA」が正確に複製されて2組になり、2つの娘細胞に1組ずつ分配されなければなりません。DNAはいかにして正確に複製されているのでしょうか。

その謎を解く鍵が塩基の対合《ついごう》（AとT、あるいはGとCが対になること）なのです。たとえば今、CATTGAという塩基配列があったとしましょう。DNAは二重らせんで、しかもそれぞれの塩基には対になる塩基が自動的に決まっていて、それらが相補的結合をしていることはすでに述べました。したがって、CATTGAは必ずGTAACTという塩基配列と対になって二重らせんを作っていることになります。

DNAを複製するときには、まずこの二重らせんをほどきます。ねじれたはしごをまっすぐにし、2本のDNA鎖（2本鎖《にほんさ》DNAとも呼びます）を真ん中から縦に裂くイメージです。すると、ほどけて1本となったDNA鎖（1本鎖《いっぽんさ》DNAとも呼びます）が2つでき、それぞれが縦木（手でつかむところ）となって新たな対を作ることで、元と同じ塩基配列を持った2本鎖DNAが2組できます（図1・9）。

つまり、2本鎖DNAがほどけてCATTGAとGTAACTという1本鎖DNAの縦木が2つできると、それぞれの1本鎖DNAを手本にして（鋳型《いがた》として、という言い方を分子生物学ではします）、もう1本のDNA鎖を作ります。AにはTが、CにはGが、というように、横木

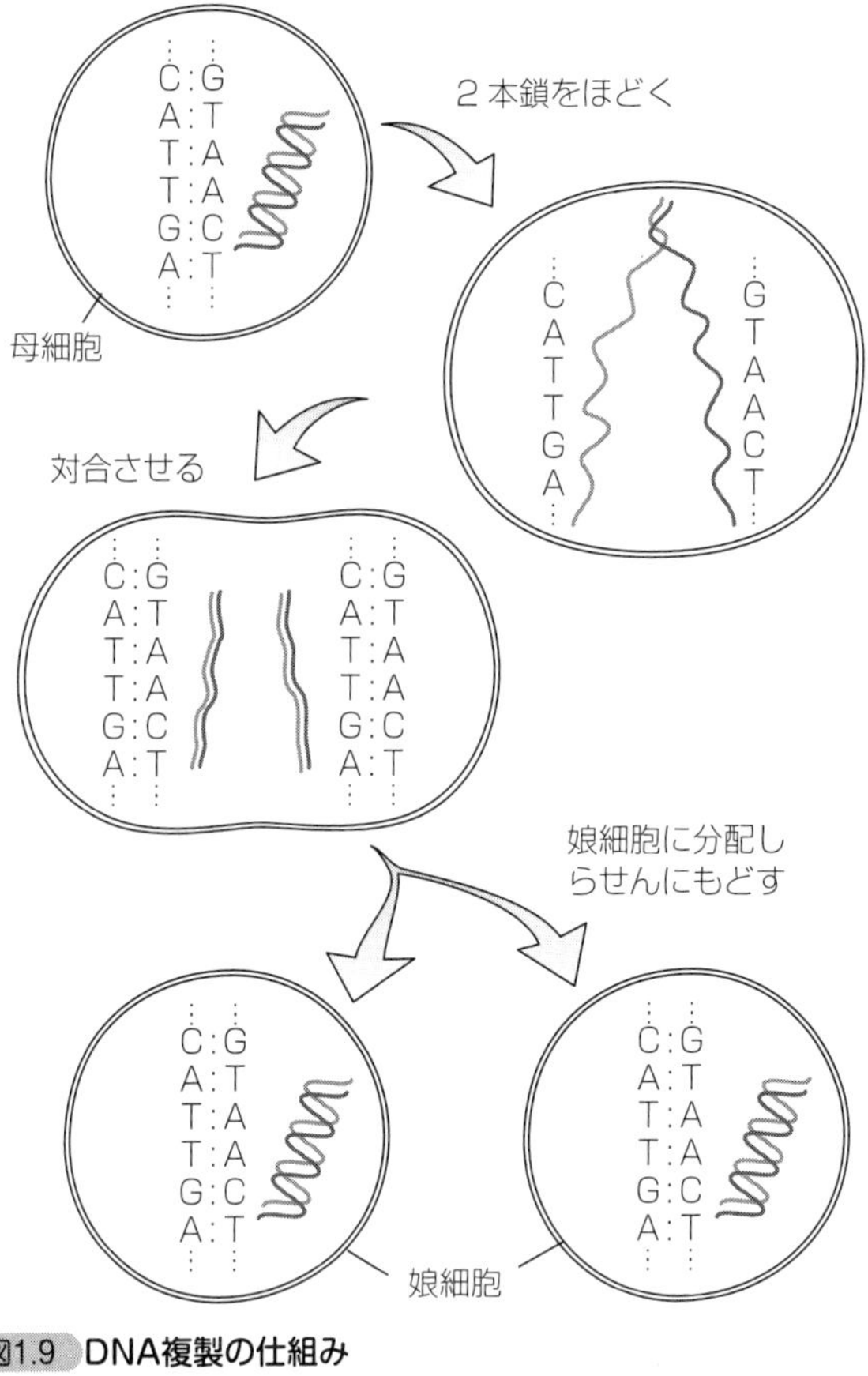

図1.9　DNA複製の仕組み

「：」で対合を表していますが、生じる水素結合の数はGC間で3個、AT間で2個です。これらの結合は比較的簡単に切り離すことができます。

（足で踏むところ）では結合する相手が決まっていますから、ＣＡＴＴＧＡにはＧＴＡＡＣＴが対を作って2本鎖に戻り、ＧＴＡＡＣＴにはＣＡＴＴＧＡが対を作って2本鎖に戻ります。

こうしてまったく同じものが2組でき、娘細胞に1組ずつ分配され、2本鎖ＤＮＡはねじれて二重らせんにもどるというわけです（この一連の過程が有糸分裂の中核です）。これなら正確に複製できそうです。実際、ヒトの細胞内の32億５４００万塩基対という膨大な量の全ＤＮＡを複製しても、ほとんどミスのないことがわかっています。

というのも、1個でも間違ったヌクレオチドをつけてしまうと、その周辺のヌクレオチドを含めて（せっかくつけたばかりですが）ごっそり削り取って、複製をやり直すのです。間違った遺伝情報を娘細胞に伝えないように、丁寧に、丁寧に複製をします。校正機能ととらえることができるこの仕組みを大腸菌で発見したのがポール・モドリッチで、２０１５年のノーベル化学賞を受賞した3人のうちの一人です（後の２人は第２章で出てきます）。

1組の２本鎖ＤＮＡが複製されて2組になったときに、いずれの2本鎖ＤＮＡを見ても、母細胞内に元から存在した古いＤＮＡ鎖が半分、それを鋳型として新しく作られたＤＮＡ鎖が半分となります。そのため、このような複製様式は「半保存的複製」と呼ばれています。

半保存的複製を実験的に証明したのは、マシュー・メセルソンとフランクリン・スタールです。ＤＮＡの二重らせん構造が発表されてから5年後の１９５８年のことでした。２人の名前をとって「メセルソンとスタールの実験」と呼ばれています（実験の詳しい内容については章末コラム3をご覧ください）。二重らせん構造を元にしてDNAが正確に半保存的複製される仕組みがついに解明されたのです。ここまで理解できたら、それで十分自慢の種になりますよ。

コラム 1

DNAには向きがある（コラムですが、この解説は第2章以降の理解に重要です）

DNAやRNAを構成するヌクレオチドの構造（塩基＋五炭糖＋リン酸）は説明しましたが、ややこしくなるので、これまではヌクレオチドがどのように連結されているかには、あえて触れませんでした。ここでは、DNAやRNAには方向性があることを解説しましょう。

五炭糖の1'の炭素には塩基が共有結合（「はじめに」参照）していますが、五炭糖とリン酸との結合には5'と3'の炭素が関わっています。ただし、2'の炭素は関わっていないので、DNAとRNAで五炭糖とリン酸との結合様式に違いはありません。

図1・10の右側のDNA鎖を上から見てください。まず、1つ目の五炭糖の3'の炭素と、2つ目の五炭糖の5'の炭素が、リン酸を介して共有結合します。次に、2つ目の五炭糖の3'の炭素と、3つ目の五炭糖の5'の炭素が、リン酸を介して共有結合しま

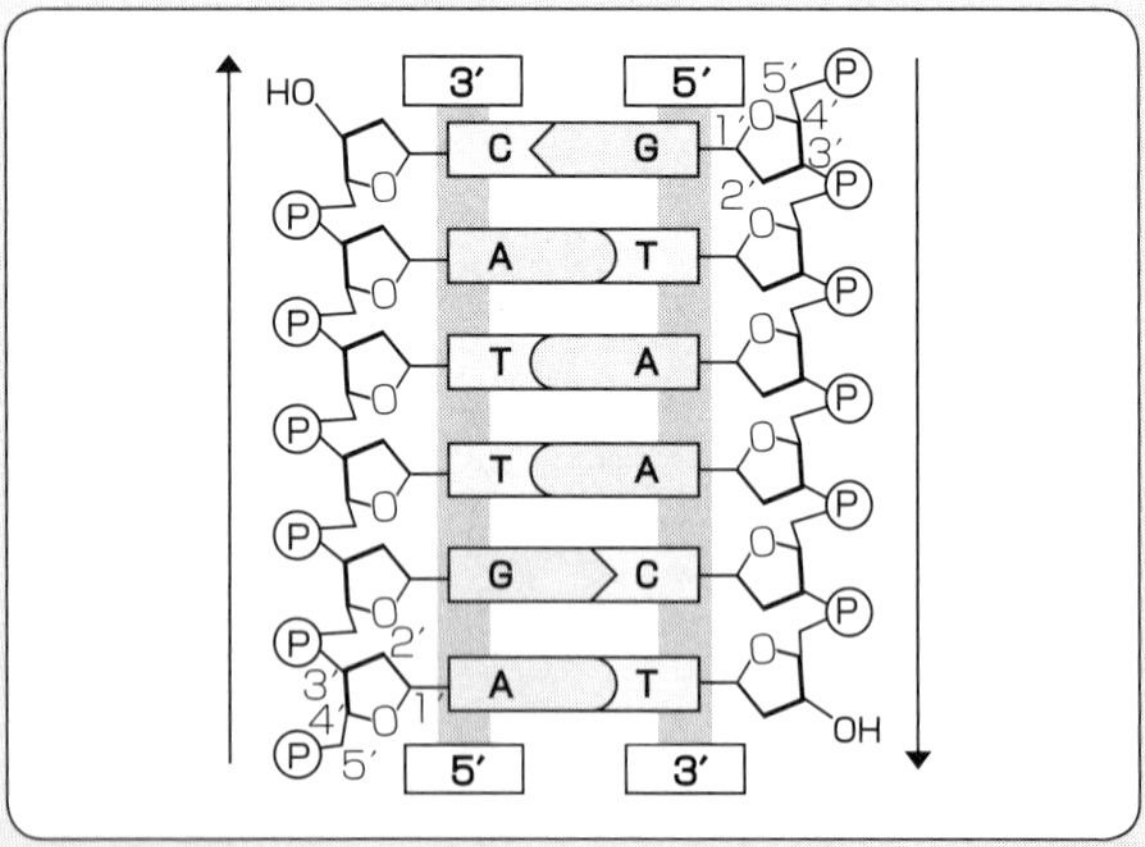

図1.10 DNAには向きがある

図では、塩基間にできる水素結合が垂直方向に並んでいますが、実際の塩基対はこの図の塩基対の部分のみを90度回転させた形になっていて、水素結合が水平方向に並んでいます。DNAを横書きにするときは、上のDNA鎖の左側が5′側になります。この図を左右に90度回転させてみてください。

す。これが繰り返されると、1つ目の五炭糖の5'の炭素と最後の五炭糖の3'の炭素はヌクレオチドとつながっていないので、DNAやRNAでは5'から3'の方向に向かってヌクレオチドが連結されていることになります。

じつはDNAの二重らせんでは、2本のDNA鎖が逆向きになっています（図1・10の左右を見比べてください）。ワトソンとクリックがヌクレオチドを型紙で作って並べているときに気がついたのは、2本のDNA鎖が逆向きで、らせん状にねじれていると、五炭糖に結合している塩基がはしごの横木（足で踏むところ）のように上下等間隔に整列し、同一平面上にならんだＡとＴ、ＧとＣがそれぞれ２個と３個の水素結合を作って対になることでした。水素結合は弱い結合ですから、同一平面上に並ばないと対を作れないのです。半保存的複製でも、鋳型のＤＮＡ鎖と逆向きになるように、5'側から3'側に向かって新しいＤＮＡ鎖が作られます。

コラム２

ハーシーとチェイスの実験

　ハーシーとチェイスの２人が実験に使ったＴ２ファージ（細菌に感染するウイルス）は、アポロ宇宙船の月面着陸機によく似た姿をしています。タンパク質でできた殻と脚があり、殻の中にはＤＮＡが入っています。

　Ｔ２ファージは、月に降り立った着陸機のように大腸菌の表面に取りつき、大腸菌の内部に〝何か〟を注入します。大腸菌の中に入り込んだその〝何か〟は、大腸菌が持っている材料や装置を使ってＴ２ファージを複製し、できたＴ２ファージは大腸菌の細胞膜を破って出て行きます。

　Ｔ２ファージを構成しているのは、タンパク質とＤＮＡだけです。そのため、大腸

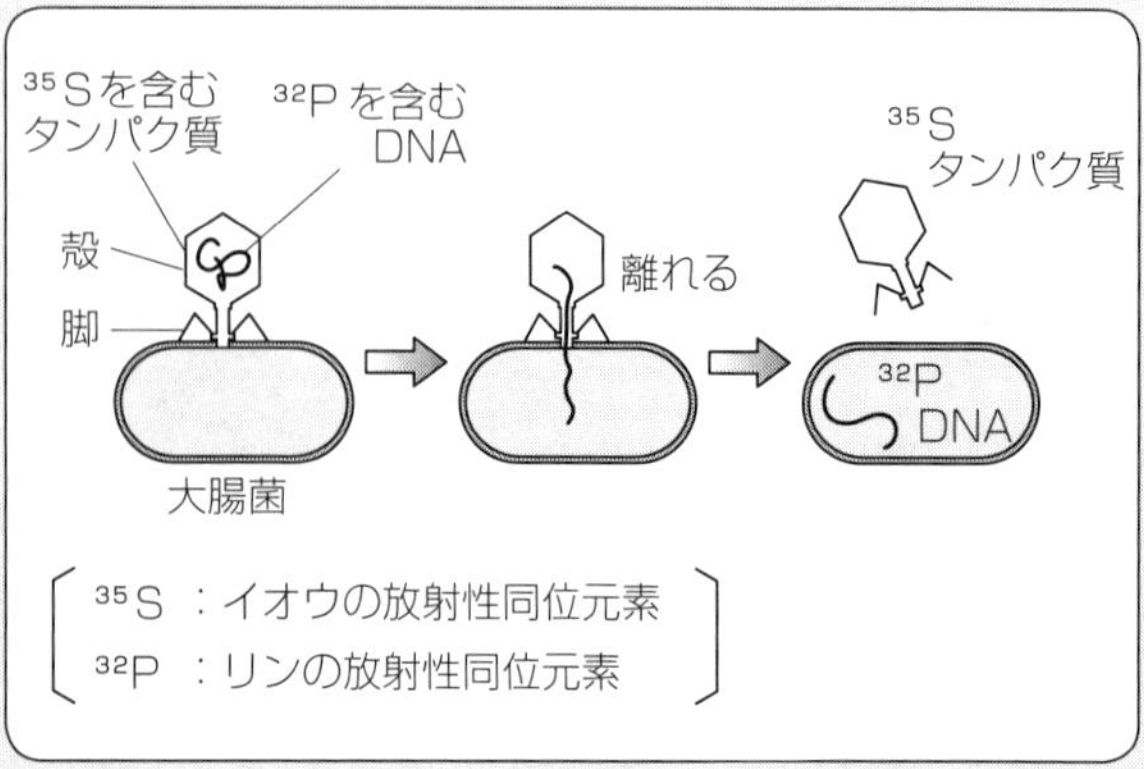

図1.11 ハーシーとチェイスの実験

特殊なリンやイオウは放射線を出すので、放射性物質がどこにあるのかを調べれば、T2ファージのDNAやタンパク質の行方がわかる。ファージが感染した大腸菌にはDNAが取り込まれ、タンパク質はほとんど取り込まれなかったので、DNAが遺伝物質であることがわかった。

菌の中に入っていく〝何か〟はこのどちらかであるはずです。入ったものが大腸菌内で新たに作られるT2ファージの設計図になりますので、どちらが入ったのかを突き止められれば、遺伝物質が決まります。

2人は、DNAとタンパク質を構成している原子の違いに注目しました。炭素や水素、窒素、酸素は両方に含まれています。リンはDNAに含まれていて、タンパク質には含まれていません。一方、イオウはタンパク質に含まれていて、DNAには含まれていません。そこで、2人は放射性同位元素という特殊なリンとイオウを使うことにしました。

特殊なリンを含むDNAと特殊なイオウを含むタンパク質からできているT2ファ

ージを用意し、それを大腸菌に感染させました。こうすれば、元から大腸菌に含まれているリンやイオウと、T2ファージ由来のリンやイオウを区別して観察することができるからです。このようにして、大腸菌の中に入っていく〝何か〟がリンを含むか、それともイオウを含むかを調べたところ、リンでした。つまり、T2ファージが大腸菌の中に入れていた〝何か〟は、タンパク質ではなく、DNAだったのです。DNAが設計図となって、新しいT2ファージが次々と作られていくことが、この実験からはっきりしました（図1・11）。

コラム 3

メセルソンとスタールの実験

メセルソンとスタールの2人は、DNAの複製が行われるときに、元からあったDNAと新しく作られるDNAを重さで区別できるようにしました。DNAには窒素が含まれていますが、窒素には原子量14の一般的なものと、中性子が1つだけ多くて少し重い原子量15のものがあります。したがって、窒素15だけを含む2本鎖DNAを作ると、標準的な窒素14だけを含む2本鎖D

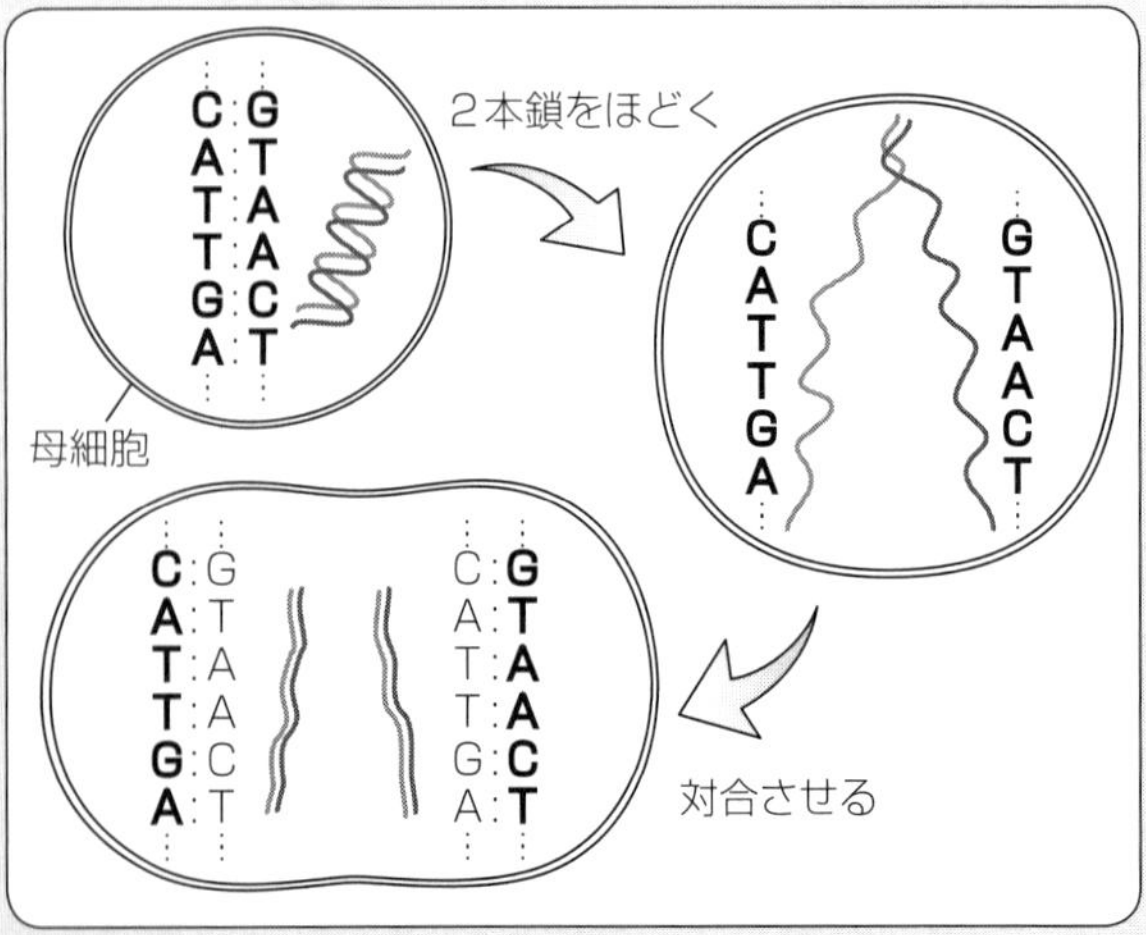

図1.12　メセルソンとスタールの実験

NAより、少し重いDNAとなります。

2人はまず、窒素の供給源として窒素15だけを含む培地（栄養）で大腸菌を育てました。十分な時間が経つと、大腸菌の2本鎖DNAに含まれる窒素はすべて窒素15に置き換わります（図1・12、太字で表しています）。

次に、この大腸菌を、窒素の供給源として窒素14だけを含む培地（栄養）に移します。この環境で半保存的なDNA複製が1回行われると、2組になった2本鎖DNAのどちらでも、元からあった1本のDNA鎖は窒素15（太字）だけを含み、新しくできたもう1本のDNA鎖は窒素14だけを含むことになります。つまり、新しくできた2本鎖DNAの重さは、窒素15だけを含む

2本鎖DNAと窒素14だけを含む2本鎖DNAの、ちょうど中間の重さになるはずです。

　彼らの実験結果は、まさに中間の重さを示しました。さらにもう1回複製が行われると、2本鎖DNAの両鎖とも窒素14を含むものと、片方の鎖が窒素15を含み他方が窒素14を含む2本鎖DNAとが、1対1の比率でできてくるはずです。実験ではこれも確認できました。どうしてそうなるか考えてみてください。こうして、二重らせん構造から推測された半保存的複製が実験的に証明されました。

第2章
遺伝子からゲノムへ

働くのはタンパク質

第1章の冒頭で解説したように、生体高分子の中で最も多量に存在するのはタンパク質です。一般の人にとってタンパク質は、糖質（炭水化物）、脂質と並ぶ三大栄養素のひとつというイメージがあると思います。実際、タンパク質という言葉は卵白に由来しています。タンパク質を漢字で書くと蛋白質となり、「蛋」は卵のことを指します。卵白にタンパク質がたくさん含まれているので、この名前がつきました。英語ではプロテイン（protein）。そうです、筋肉をつけたい人が飲むものの総称として使われていますね。

ＤＮＡは、生物の設計図となる遺伝物質ですが、生命現象を支えている個々の化学反応を触媒として進めたり、反応の足場となったりしているのはタンパク質です。

触媒は化学反応の前後で変化しない物質のことをいい、生体内で触媒として働くタンパク質のことを「酵素《こうそ》」と呼びます。たとえば、ＤＮＡの半保存的複製反応を触媒しているのは、ＤＮＡポリメラーゼという名の酵素です。私たちは体内に酵素として働くタンパク質を持っているので、36〜37℃の体温という穏やかな環境の中でも、化学反応を効率よく進行させることができます。

タンパク質の働きを数えるときりがありません。遺伝情報はＤＮＡ、実務はタンパク質と、機能の使い分けが行われているのです。

タンパク質では、アミノ酸という分子が基本単位となっています。逆に言えば、アミノ酸が一列に多数連なってタンパク質を形作っています。

スポーツをする人ならば、サプリメント（健康補助食品）としてアミノ酸という言葉を聞いたこともあるでしょう。「はじめに」で、炭素は4本の共有結合を作ることができると説明しました。アミノ酸とは、中心となる炭素原子に、アミノ基（$-NH_2$）、カルボキシル基（$-COOH$）、水素原子（$-H$）、個々のアミノ酸を特徴づける原子団（これを「側鎖《そくさ》」と呼びます）の4つが共有結合している小さな分子の総称です（図2・1上）。カルボキシル基を持つ化合物の総称はカルボン酸です。そのため、アミノ基とカルボン酸の名前を足しあわせてアミノ酸という名前になったわけです。

アミノ酸の側鎖には、水素原子1個だけのシンプルなもの（グリシンという名のアミノ酸です）もあれば、多数の原子が結合した複雑なものもあります。全部で20種類のアミノ酸がタンパク質の構成成分として使われています。側鎖の性質によって、親水性（水になじむ）、疎水性（水になじまない）などのアミノ酸の性質が決まります（表2・1）。

アミノ酸同士がつながるために、1つ目のアミノ酸のカルボキシル基が2つ目のアミノ酸のアミノ基と結合する、というやり方をします。この結合反応は脱水縮合といって、2つのアミノ酸から水分子（H_2O）が1つ取れることにより共有結合が形成される反応です。この結合を「ペプチド結合」といいます（図2・1中）。さらに、2つ目のアミノ酸のカルボキシル基が3つ目のアミノ酸のアミノ基と脱水縮合し……という結合を何度も繰り返すことで、長いひもとなります。

このようにしてつながったアミノ酸の長いひもの左端はアミノ基（$-NH_2$）、右端はカルボキシル基（-COOH）となります。そのため、アミノ基のある側をN末端、カルボキシル基がある側をC末端と呼んでいます。したがって、タンパク質はN末端からC末端に向かって、多数のアミノ酸が一列に連なった生体高分子ということになります（図2・1中）。

20種類のアミノ酸が、どういう順番でN末端からC末端に向かって並んでいるかという文字情報をアミノ酸配列と呼び、1次構造ともいいます。フレデリック・サンガーは、タンパク質のアミノ酸配列を決める実験手法を開発し、インスリンの1次構造を決定しました。サンガーは、この功績により1958年にノーベル化学賞を単独で受賞しています。

インスリンというタンパク質は、血糖値を調節するホルモンで、これを作れないと糖尿病になります（第7章で再登場します）。ホルモンとは、体内の細胞で作られ、血液などを通って体内の別の細胞に働きかける物質の総称（タンパク質もしくは低分子の化合物）です。ホルモンは、ホルモンを受け入れる受容体というタンパク質に結合することによって作用を発揮します。イン

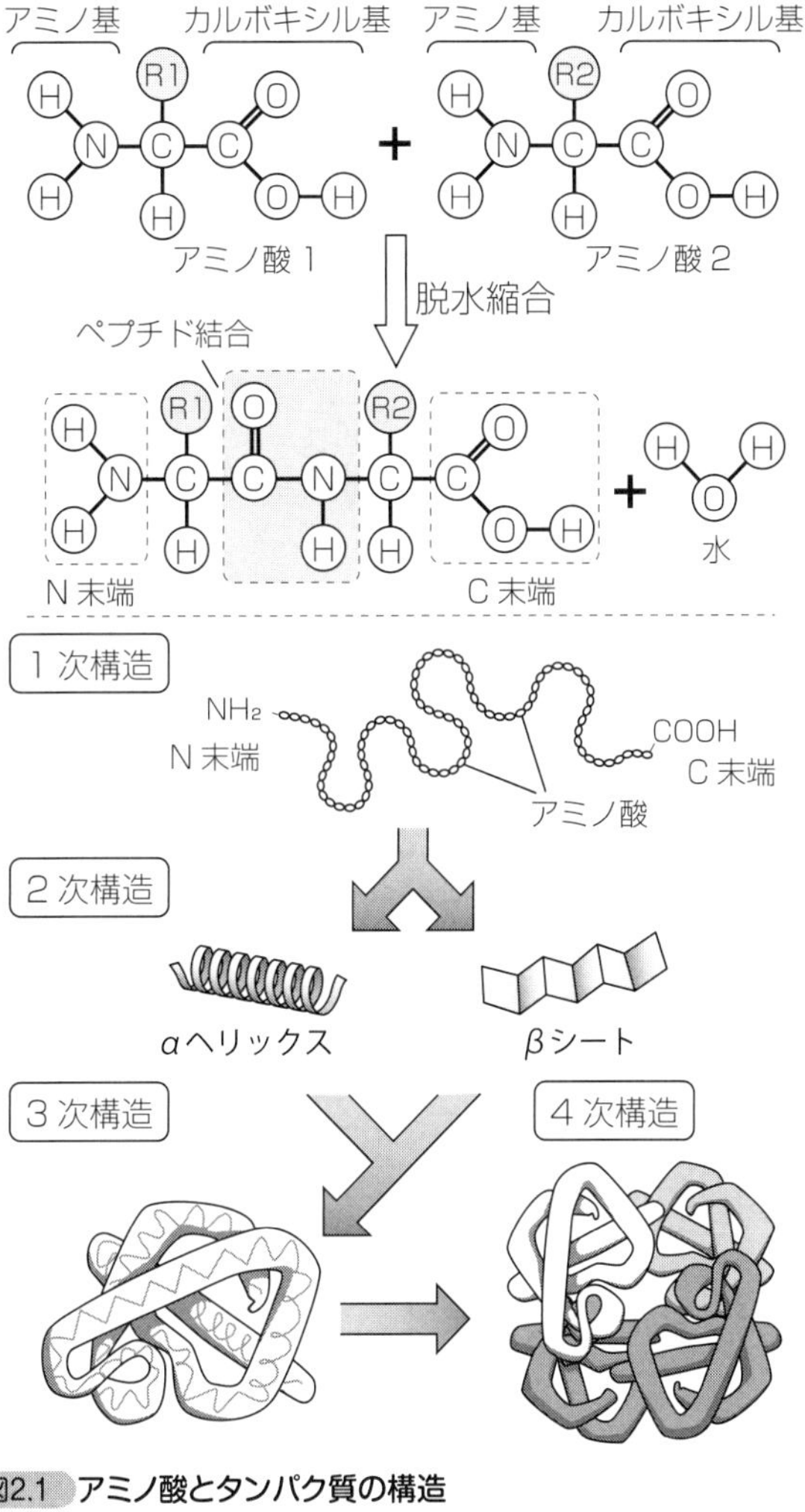

図2.1 アミノ酸とタンパク質の構造

		名称	3文字記号
親水性のアミノ酸	酸性（マイナスの電荷を持っている）	アスパラギン酸	Asp
		グルタミン酸	Glu
	塩基性（プラスの電荷を持っている）	アルギニン	Arg
		リシン	Lys
		ヒスチジン	His
	極性（NH_2 あるいはOH という水になじむ原子団を持つ）	アスパラギン	Asn
		グルタミン	Gln
		セリン	Ser
		スレオニン	Thr
		チロシン	Tyr
疎水性のアミノ酸		アラニン	Ala
		グリシン	Gly
		バリン	Val
		ロイシン	Leu
		イソロイシン	Ile
		プロリン	Pro
		フェニルアラニン	Phe
		メチオニン	Met
		トリプトファン	Trp
		システイン	Cys

表2.1 タンパク質を構成するアミノ酸一覧

スリンを発見したジョン・マクラウドとフレデリック・バンティングは、１９２３年にノーベル生理学・医学賞を受賞しています。

１次構造というからには、２次構造もあります。タンパク質はまずひも状の生体高分子として合成されますが、アミノ酸同士の分子間に形成される水素結合等によって、局所的にらせん状のα《アルファ》ヘリックスという構造になったり、まっすぐ伸びてβ《ベータ》シートという構造になったりします（図２・１下）。これらの２次構造は第１章に登場したポーリングによって発見されました。

さらに、それぞれのタンパク質はエネルギー的に安定になるように、分子全体がまとまった状態になります。これを３次構造といいます。このまとまった状態のタンパク質が複数集まって機能を発揮する（働く）場合があり、これを４次構造といいます。たとえば、前述のインスリン受容体は、２種類のタンパク質が２個ずつ集まって（合計４個）インスリンと結合します。

このようにタンパク質は、ＤＮＡと違って非常に複雑な形をしており、この形がタンパク質の働きに直接関わっています。もしも、熱などによってタンパク質の形が壊れてしまえば、そのタンパク質は機能できなくなります（第５章で詳しく解説します）。

遺伝情報の流れ

これまでＤＮＡとタンパク質がそれぞれどのようなものか解説してきました。では、ＤＮＡとタンパク質はどのような関係にあるのでしょうか。

DNAには、生命活動に必要な遺伝情報がすべて書き込まれています。この生物の設計図であるDNAについてまずわかったことは、タンパク質を構成するアミノ酸の並び方（アミノ酸配列）が、DNAの文字情報（塩基配列）として書き込まれていることです。DNAの膨大な塩基配列のうち、タンパク質のアミノ酸配列を指定しているところを「遺伝子」と呼んでいます。英語では「ジーン（gene）」です。

タンパク質は、アミノ酸が連なってできています。DNAを構成する塩基にはA、G、T、Cの4種類しかないのに対して、タンパク質を構成するアミノ酸は20種類あります。そこで、DNAとタンパク質を関連づけるには、組み合わせを使うしかありません。A、G、T、Cの塩基のうち2文字を組み合わせると、4×4で16通りの組み合わせができます。しかし、これではアミノ酸の20種類に及びません。そこで、3文字を組み合わせると、4×4×4で64通りとなり、20種類をすべてカバーできます。つまり、DNAの連続する3文字が1組の暗号となって、1つのアミノ酸を指定することがわかったのです。この暗号を「コドン（codon）」と呼びます。たとえばGCAというコドンは、アラニンという名のアミノ酸の暗号となっています。

64通りの遺伝暗号を解読して1つの表（遺伝暗号表と呼びます）にまとめた3人の研究者、ロバート・ホリー、ハー・ゴビンド・コラナ、マーシャル・ニーレンバーグは、1968年にノーベル生理学・医学賞を受賞しています。やはり最初は暗号の解読が難航したようですが、ニーレンバーグが、同じ文字が連続する暗号を作ったらどんなアミノ酸が指定されるかを調べるところから始めればよい、と気がつきました。そして、ＡＡＡならリシン、ＧＧＧならグリシン、ＴＴＴならフェニルアラニン、ＣＣＣならプロリンという名のアミノ酸が指定されることがわかり、徐々に解読が進んでいったようです。

３文字の組み合わせは64種類で、アミノ酸の20種類よりずいぶん多いですね。そのため、１種類のアミノ酸に対し、複数の暗号が割り当てられている場合もあります。メチオニンの暗号はＡＴＧのみですが、ロイシンの暗号は６つもあります（図２・２）。複数のコドンの中からどれを好んで使うかというコドン・プレファレンスは、生物ごとに異なっています。

また、ＤＮＡがタンパク質を構成するアミノ酸の並び方を指定するためには、どこから始めてどこで終わるかも暗号化しなければなりません。そこで、メチオニンを指定するコドンＡＴＧが始まりを指定する開始コドンを兼ねています。一方、終わりを指定する終止コドンとして、ＴＡＡ、ＴＡＧ、ＴＧＡの３つがあります。つまり、遺伝子というのは、ＡＴＧの開始コドンから始まり、その後ろにいろんなコドンが続き、最後に終止コドンの１つが来て終わる、という構造になっています。

2文字目の塩基→

1文字目の塩基↓ / 3文字目の塩基↓

	T	C	A	G	
T	フェニルアラニン	セリン	チロシン	システイン	T
	フェニルアラニン	セリン	チロシン	システイン	C
	ロイシン	セリン	終止	終止	A
	ロイシン	セリン	終止	トリプトファン	G
C	ロイシン	プロリン	ヒスチジン	アルギニン	T
	ロイシン	プロリン	ヒスチジン	アルギニン	C
	ロイシン	プロリン	グルタミン	アルギニン	A
	ロイシン	プロリン	グルタミン	アルギニン	G
A	イソロイシン	スレオニン	アスパラギン	セリン	T
	イソロイシン	スレオニン	アスパラギン	セリン	C
	イソロイシン	スレオニン	リシン	アルギニン	A
	メチオニン	スレオニン	リシン	アルギニン	G
G	バリン	アラニン	アスパラギン酸	グリシン	T
	バリン	アラニン	アスパラギン酸	グリシン	C
	バリン	アラニン	グルタミン酸	グリシン	A
	バリン	アラニン	グルタミン酸	グリシン	G

図2.2 コドンの暗号表

（ある遺伝子の塩基配列の例）

ATG（開始）TCAGCT○□△□◇○△△◇………○□○TAA（終止）

　ここで最も重要なことは、遺伝暗号としてのコドンが地球上のすべての生物で共通だということです。これは、地球上の生物が共通の祖先から派生したことを明確に物語っています。

　遺伝暗号が共通なので、ヒト（我々人間のことです）の細胞から取り出したヒトの遺伝子を大腸菌の中に入れると、大腸菌はヒトの遺伝子の暗号を解読して（ATGはヒトでも大腸菌でもメチオニンを指定しています）、ヒトのタンパク質を作ります。ヒトの細胞は1日に1回しか分裂しませんが、大腸菌は20分ごとに分裂しますので、一晩培養すると細胞は膨大な数にまで増え、大腸菌から大量のタンパク質を得ることができます。ヒトの細胞からはわずかにしか採取できないタンパク質でも、このような遺伝子工学の手法を使って大腸菌を利用すれば、大量生産が可能となります。

　この遺伝子工学の技術によって大量生産ができるようになったものの代表が、インスリンです。現在では、私の父を含め糖尿病の患者さんたちは、食後、安価なインスリンを自身で自分のお腹に注射して血糖値を下げることができます。

では、DNAの塩基配列（塩基の並び方）はどうやって読み取ればいいのでしょうか。どのような塩基配列になっているか解明することを「塩基配列を決定する」と研究者は言いますが、アラン・マクサムとウォルター・ギルバートという2人の化学者は、マクサム・ギルバート法という塩基配列を決定する方法を開発しました。これは、A、G、T、Cの塩基の並びのうち、特定の（決まった）塩基のところで切断を起こす化学反応を組み合わせることによって塩基配列を決めるというものです。

これに対し、インスリンのアミノ酸配列を決定したサンガーは、DNA複製酵素であるDNAポリメラーゼを使って塩基配列を決定するサンガー法（章末コラム4）を考案しました。サンガー法のほうがマクサム・ギルバート法より実験として簡単なので、現在はサンガー法が主流です。ギルバートとサンガーは、遺伝子工学の生みの親とも言えるポール・バーグとともに、1980年にノーベル化学賞を受賞しています。ノーベル化学賞を2度受賞したのはサンガーのみです。

生命の起源

DNAの塩基配列（塩基の並び方）に、タンパク質のアミノ酸配列（アミノ酸の並び方）が暗号として書き込まれているといっても、DNAの塩基配列が直接アミノ酸配列に変換されるのではなく、２つの間にはＲＮＡという生体高分子が介在しています。なぜ、そんな複雑なことになっているのでしょうか。その謎を解くためには、地球上での生物の誕生時にまで遡らなければなりません。

１９５３年、スタンリー・ミラーは、地球に生物が出現する前の状況を再現しようとして行った実験結果を発表しました。原始大気の成分である水（H_2O）、メタン（CH_4）、アンモニア（NH_3）、水素（H_2）をまぜあわせ、加熱するとともに、雷を模した放電を行ったところ、アミノ酸が生成しました。この実験結果がもとになり、生物がどのように誕生したのかというシナリオ（仮説）ができあがりました。

まず、原始大気や原始海洋の中で、シアン化水素（HCN）などの化学反応を起こしやすい物質ができ、化学反応を繰り返してアミノ酸や塩基などができました。さらにこれらからタンパク質や核酸などの生体高分子ができ、お互いに集合し、作用しあって、原始生物が誕生した、とこのシナリオでは考えられています。原始地球の環境でＲＮＡ型のヌクレオチドが生成することは２００９年に証明されています。

最近では、最初の生物は海底の熱水噴出孔付近で生まれたとする説が有力のようです。噴出孔は、地下マグマの影響で３５０℃もの高温になっているため、化学反応が起こりやすいのです。しかもできた化合物は、熱水の噴出によって放出されると周囲の海水によって急速に冷やされるので、安定に存在できます。こうして徐々に複雑な化学物質ができ、生物の誕生へとつながったのでしょう。気の遠くなるような話です。他にも、隕石の衝突によってもたらされた高温と高圧によって生体高分子が生成したという説もあり、このあたりの興味は尽きませんね。

ところで、最初の生物は遺伝物質として、DNAではなくRNAを利用していたと考えられており、この時代をRNAワールドと呼んでいます。ミラーが行ったような実験を繰り返していると、RNAの成分であるリボースはできたのですが、DNAの成分であるデオキシリボースはできなかったからです。デオキシリボースは酵素反応によってリボースから作られるので、まずはRNAを遺伝物質として持つ生物が誕生して進化していき、そのあとにDNAを遺伝物質として持つ生物が誕生したのだろうと考えられています。

このような進化の道筋を考えても、化学反応を触媒する酵素が重要であることがわかります。先に述べたように、酵素（英語ではエンザイム〈enzyme〉）はタンパク質です。ところが、シドニー・アルトマンとトーマス・チェックは、ある種のRNAが触媒として働くことを発見し、このタイプの酵素をリボザイム（ribozyme）と名づけました。

原始地球で化学反応を繰り返してできたRNAが、細胞の中で遺伝物質（自分で自分を編集したり複製していたと考えられる）と触媒（タンパク質の誕生や進化に関与したと考えられる）の両方を担っていた時代、それがRNAワールドというわけです。2人は1989年にノーベル化学賞を受賞しています。

ＲＮＡは、二重らせん構造のみのＤＮＡよりも複雑な立体構造をとりやすく、細胞内では通常1本鎖として存在します。ＲＮＡは反応性が高く、そのため触媒として機能することができ、生物誕生の際に新規化合物を生み出すことができたのです。しかし、Ａ、Ｇ、Ｃ、Ｕの４種類しか構成要素が存在しないＲＮＡは、多様な立体構造をとることができないため、複雑な化学反応を触媒することができません。そこで20種類のアミノ酸からできていて、もっと複雑な立体構造をとることができるタンパク質に触媒機能を移し、ＲＮＡは遺伝物質としてタンパク質のアミノ酸配列を暗号化するようになったのでしょう。

しかし、ＲＮＡには安定性がちょっと悪いという欠点がありました。リボースの2'の位置にある水酸基（－OH）が、近くのリンに対し、求核攻撃という化学反応を起こすことがあるからです。もしリンが攻撃を受けると、ヌクレオチドをつなぐ共有結合が切れ、ＲＮＡはバラバラになってしまいます。そこで、ＲＮＡよりずっと安定なＤＮＡに遺伝情報を保存する機能を移したと考えられています。ＤＮＡでは、2'の位置の水酸基（－OH）が水素原子（－H）に置き換わっているので（デオキシリボースのため）、求核攻撃をせず、バラバラになりにくいのです。

安定性以外にも、ＤＮＡのほうがＲＮＡより遺伝物質として優れた点があります。第１章で、ＤＮＡの塩基はＡ、Ｇ、Ｔ、Ｃの４つ、ＲＮＡの塩基はＡ、Ｇ、Ｃ、Ｕの４つと説明しました。

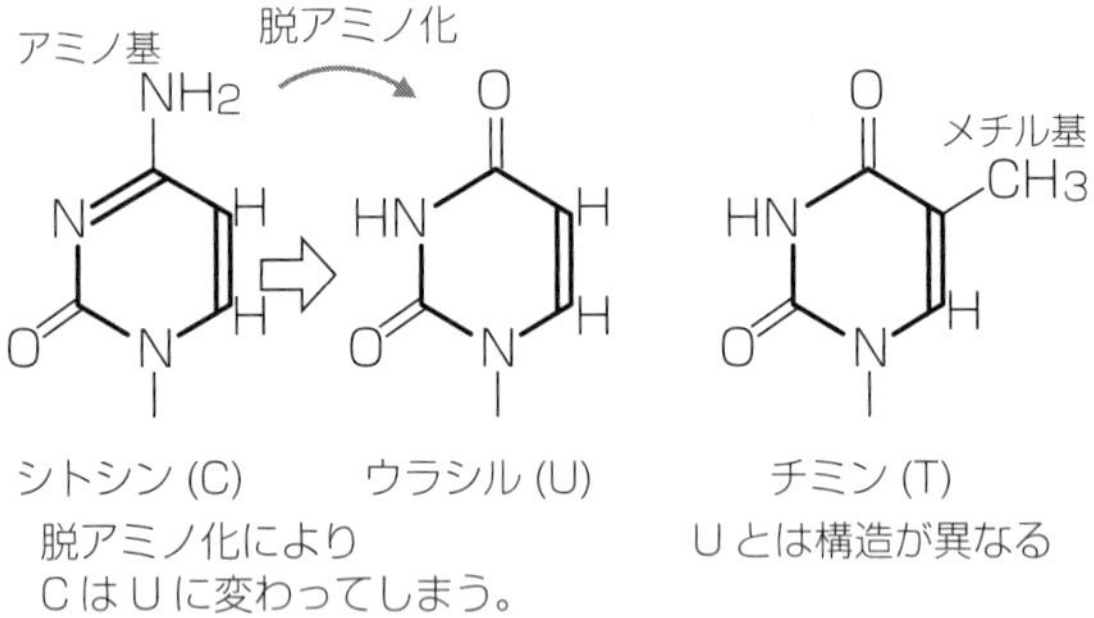

図2.3 シトシンの脱アミノ化

両方に共通するシトシン（C）に注目してください。シトシンは、細胞内で脱アミノ化という化学反応を受けると、ウラシル（U）に変わってしまうという性質を持っています。脱アミノ化とは、分子の中にあるアミノ基（$-NH_2$）が取れてしまう反応です（図2・3）。

脱アミノ化されると、どんなことが起きるでしょうか。仮に2本鎖RNAを遺伝物質として使うとした場合、複製するときに鋳型となるRNA鎖にウラシル（U）が出てくると、元からUだったのか、それとも元はシトシン（C）だったけれど、脱アミノ化を受けてUになったのか区別できません。元からUならばアデニン（A）が対になり、脱アミノ化を受けたならば、元がシトシン（C）なのでグアニン（G）が対になるべきです。どちらを対にするのかわからないのでは、遺伝情報としては不安定です。

これに対し、DNAの場合、構成する4つの塩基にウラシル（U）はありません。シトシン（C）が脱アミノ化を受けたウラシル（Ｕ）が2本鎖ＤＮＡの中に出現すると、複製をする前に、これを見つけてシトシン（Ｃ）に戻す（Ｕを削り取ってＣに置き換える）ことができるのです。

このＤＮＡ修復法を発見したトマス・リンダールに加えて、別のＤＮＡ修復方法を発見したアジズ・サンジャル、第1章で出てきたポール・モドリッチ（複製に失敗するとやり直すことを発見）の3人に、２０１５年のノーベル化学賞が授与されました。3人の研究は１９７０年代から80年代にかけて行われたのですが、評価されるまでにずいぶん時間がかかりました。

チミン（Ｔ）はウラシル（Ｕ）のベンゼン環にメチル基（$-CH_3$）が1本導入されただけですが、これが遺伝情報の安定性という点で大きな差を生み出しました。うまくできていますね。

こうして、遺伝情報がＤＮＡ→ＲＮＡ→タンパク質の順番に伝達されるという概念（考え方）が確立し、ＤＮＡの二重らせん構造を発見したクリックは、これに「セントラルドグマ」という名称を与えました。１９５８年のことです（私が誕生した年というのが嬉しいですね）。ドグマとは宗教における教義のことで、なんとも仰々しい名称ですが、クリックにとって分子生物学とは一種の宗教のようなものだったのでしょう。あるいは、新興宗教の開祖のつもりだったのかもしれません。

セントラルドグマは分子生物学の「中心教義」、あるいは宗教色を薄めて分子生物学の「中心原理」と訳されます。一部のウイルスを除けば（第3章参照、ウイルス自体がもともと生物と無生物の中間に位置するものですが）、地球上のすべての生物で成立する根本原理です。最近、火星にも水が存在していることが明らかとなり、微生物が生息している可能性が急浮上しています。この火星の生物でも、遺伝情報がＤＮＡ→ＲＮＡ→タンパク質の順番に伝達されているのか、ぜひ知りたいところです。

生物の持つ遺伝子の数

生物は遺伝子を何個くらい持っているのでしょうか。遺伝子とは、タンパク質のアミノ酸配列を指定しているところですから、別の言い方をすると、生物は何種類のタンパク質を使っているのでしょうか、という質問と同じです。

単細胞生物である出芽酵母の遺伝子数は約６０００個、約１０００個の細胞でできている多細胞生物の線虫《せんちゅう》で、遺伝子数は約２万４０００個でした。線虫と言われてもピンと来ない人も多いでしょうが、分子生物学でよく使われているモデル生物です（図２・４）。

モデル生物とは、生命現象の解明に使われる生物のことで、分子生物学は大腸菌や酵母といった単細胞生物を用いて大きく発展しました。しかし、シドニー・ブレンナーは、ヒトの理解には多細胞生物の研究が必要だと考えて種々検討した結果、線虫という体長１ミリメートルほどの土の中にいる生物に目をつけました。

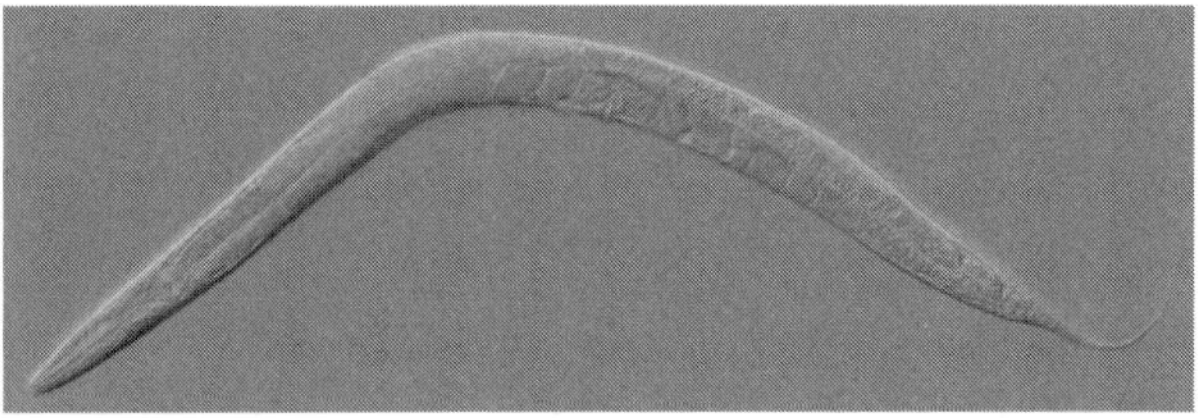

図2.4　モデル生物として利用される線虫の一種 *C. elegans*

線虫には神経や筋肉があり、大腸菌などを食べて消化し排泄します。精子と卵子を作って自家受精をし、生殖活動もしますので、ヒトにかなり近い動物です。体が透明なため、顕微鏡下で発生や成長の過程をずっと追跡することができます。

ジョン・サルストンは線虫を注意深く観察し、たったひとつの受精卵が細胞分裂を繰り返していく過程で、どの細胞がどんな組織や臓器になるかという細胞系譜をすべて明らかにしました。その際に、すべての細胞が生き残って約１０００個の細胞からなる成虫になるのではなく、いくつかの細胞は発生や成長の途上で必ず死ぬことがわかりました。すなわち細胞には、どういう性質の細胞に変わっていくのかという分化だけでなく、死まであらかじめプログラムされていることが判明したのです。

ロバート・ホロビッツは、線虫を使ってアポトーシスと呼ばれることのプログラム細胞死の仕組みを解明しました。ブレンナー、サルストン、ホロビッツの３人には、２００２年にノーベル生理学・医学賞が授けられています。

酵母の遺伝子数は約6000で、約1000個の細胞からできている線虫の遺伝子数は約2万4000ですから、単細胞生物が多細胞生物に進化したときに遺伝子数が4倍に増えています。では、60兆個もの細胞からできているヒトの遺伝子数はいくつだと思いますか。5万～10万くらいだろうと考える研究者が多かったのですが、ヒトゲノム計画（次項で解説）が2003年に終わってみると、なんと遺伝子の数はたったの約2万7000しかないことがわかりました。線虫の遺伝子数から1割ちょっと増えただけです。どうしてこんなに少なくてよいのか、その謎はまだ明らかにされていません。

ですが最近、マイクロRNA（miRNA）を代表とする、とても小さなRNAが、ゲノムのいろいろなところに暗号化されていることがわかってきました。ヒトゲノムには、約2000個のマイクロRNAが存在しています。これらはタンパク質のアミノ酸配列を暗号化しているのではなく、タンパク質が作られる時期や場所などを微調節していると考えられています。これが、わずか2万7000個という少ない遺伝子に多様性や柔軟性を持たせる術《すべ》のひとつになっています。

他にもそんな術があるのか興味が持たれていますが、さらに最近、マイクロRNA以外にも、高等動物ではゲノムの中のかなり広範囲な領域が読み取られていて、タンパク質のアミノ酸配列を暗号化していない、ノン・コーディングRNA（非暗号化RNA）が多種多量に作られていることもわかってきました。ヒトには、約1万5000個ものノン・コーディングＲＮＡが存在しています。これらがどのようにして、タンパク質が作られる時期や場所などを微調整しているか、解明するための研究が続けられています。分子生物学は日進月歩の世界なのです。

線虫を用いて、上記のようなＲＮＡ研究の新しい潮流を産み出したアンドリュー・ファイアーとクレイグ・メローには、２００６年のノーベル生理学・医学賞が授与されています。

ゲノムとは

ところで、前述した「ゲノム」という言葉をご存知でしたでしょうか。日本語訳はありません。ゲノムとは、ある生物種を規定する（決めている）遺伝情報の総体です。ヒトがヒトであるための遺伝情報をひっくるめてヒトゲノムと呼び、線虫が線虫であるための遺伝情報をひっくるめて線虫ゲノムといいます。スペルは「genome」。日本ではゲノムと読んでいますが、英語での発音はジーノウムですのでちょっと注意が必要です。

これまで、生命活動に必要な遺伝情報がすべてＤＮＡに書き込まれていると繰り返し説明してきましたが、ゲノムとは「その生物が持つＤＮＡの全塩基配列」ということなのです。ヒトゲノム計画が２００３年に終了した、ということは、あるヒト（サンプルとして選ばれたある１人の人間）のＤＮＡの全塩基配列（32億５４００万塩基対）がその年までに決定されたことを意味します。これまでに4000種類以上の生物のゲノムが解読されています。

ところが、ゲノム＝遺伝子と誤解されている人がけっこう多く見受けられます。本書の読者には、ぜひ2つの違いを理解してもらいたいと思います。ゲノムのほうが遺伝子よりはるかに大きなくくり（情報）です。

プラモデルを作るときになぞらえてみましょう。遺伝子はタンパク質のアミノ酸配列を暗号化している領域なので、プラモデルの個々の部品に相当します。プラモデルを作ろうとして、何十個、何百個の部品を一度に手渡されても、完成品を作り上げることは難しいですよね。どの部品とどの部品をくっつけて、どこに置くかを順番に指示してくれる設計図がやはり必要でしょう。

それと同様に、ゲノムという設計図には、個々の遺伝子をいつ、どこで、どれくらい働かせるかという情報が書き込まれています。この仕組みは、第3章の「転写《てんしゃ》」のところで解説します。転写とは、DNAに書き込まれた遺伝情報がRNAに写し取られる過程のことです。これに対して、RNAに写し取られた遺伝情報が、タンパク質のアミノ酸配列に変換される過程を「翻訳《ほんやく》」と呼びます。

第1章で説明したように、細胞分裂するときにDNAは複製されなければなりません。そのためには、複製に関わる情報（塩基配列）が必要になります。しかし、たとえば複製が始まる起点を示すための遺伝子というものは存在せず、複製が開始する場所を示す位置情報が複製起点と呼

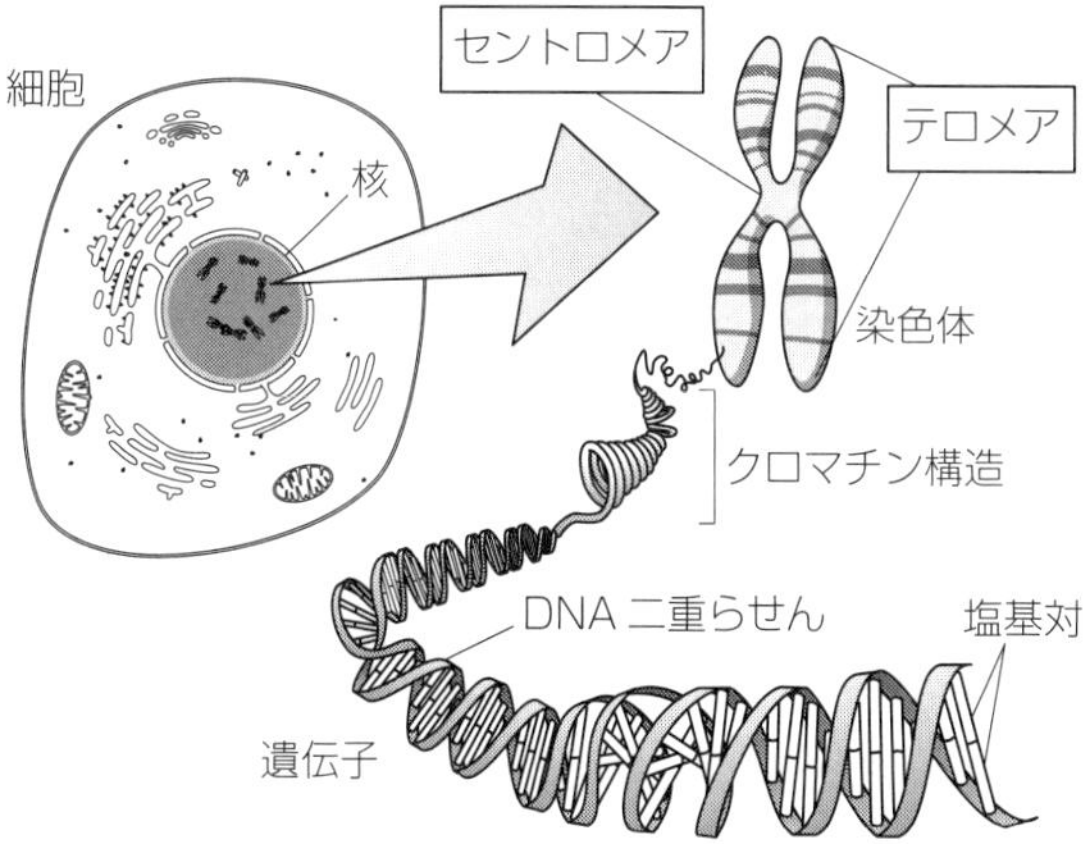

図2.5　ゲノムとは二重らせんの塩基配列に含まれる情報の総体

ばれる塩基配列としてゲノムに書き込まれています。

これ以外にも、セントロメアやテロメアなど、遺伝子ではない領域がゲノムには存在します。セントロメアは染色体の均等な分配に関わり、テロメアは染色体中のDNA末端を保護することによって細胞の寿命に関与しています（図2・5）。テロメアを発見したエリザベス・ブラックバーン、キャロル・グライダー、ジャック・ショスタクに2009年ノーベル生理学・医学賞が授けられています。

本書ではこれ以上触れませんが、ゲノム内には、遺伝子として機能していない「繰り返し配列」や、遺伝子に似ているが機能していない「偽《ぎ》遺伝子」（ヒトでは1万個以上存在）などの領域もあり、ヒトゲノムのうち、タンパク質の情報が書き込まれている遺伝子領域はわずか1％程度です。ゲノムが遺伝子を含んだ、はるかに大きなくくり（情報）であることがわかると思います。

では、皆さんが持っている約60兆個の細胞それぞれに含まれているゲノムは、皆さんがたった1個の受精卵だったときのゲノムと比べると、どれくらいのサイズの違いがあるでしょうか。あまり考えたことがないでしょうが、答えは「ほぼ一緒」です。ほぼ一緒だから、山中伸弥は皮膚の細胞に山中4因子といわれる4つの遺伝子を入れることによって細胞を初期化させ、受精卵に近いｉＰＳ細胞を作製することができたのです。２０１２年にノーベル生理学・医学賞が山中とジョン・ガードンに与えられたことは記憶に新しいですね。

ヒトでは、基本的にすべての細胞で、32億５４００万塩基対のゲノムが、46本の染色体に分かれて収納されています。ところが、体内にはゲノムのサイズが変わっている特殊な細胞も存在します。それを発見したのが山中から遡ること25年、１９８７年にノーベル生理学・医学賞を日本人として最初に受賞した利根川進です。

利根川が研究したのは、人間を病気から守る免疫システムでした。体内に異物（抗原）が入ってくると、免疫系のB細胞は、この抗原に特異的に（一対一の関係で）結合する抗体を作り出して排除します。抗体もタンパク質ですから、対応する抗体遺伝子が存在します。ヒトにとっての異物は何百万種類（もっともっと多数かもしれません）もあるでしょうから、これらに対する抗体も何百万種類と必要になります（審良静男・黒崎知博著『新しい免疫入門』〈講談社ブルーバックス〉には、なんと１０００億種類以上と記載されています）。

すべての抗体を別々の遺伝子から作ることになると、遺伝子も何百万個も必要になりますが、そんなことはありえません。利根川は、とても少ない数の遺伝子から多様な抗体が作られる仕組みの一端を最初に解明しました。

それぞれのＢ細胞は１種類の抗体を作り出していて、１種類の抗原に対応します。ヒトはＢ細胞のレパートリー（種類）を何百万個も持っていて、異物が体内に入ってくると、この抗原に対応できる（その異物を排除できる）抗体を作っているＢ細胞を選び出して増殖させ、抗体を大量生産させます。このとき、Ｂ細胞ゲノムの中の抗体遺伝子には、不要なところを削除するという細工（ゲノム再構成）がされていて、抗体が効率よく作られるようになっています。そのため、Ｂ細胞ではゲノムサイズがそのぶんだけ小さくなっています（詳しくは章末コラム５参照）。

免疫系のＴ細胞でも同様のゲノム再構成が行われていて、Ｔ細胞受容体の多様性が確保されています。抗体を作っているＢ細胞からｉＰＳ細胞を作ると、それから産まれた個体は１種類の抗体しか作れなくなってしまいます。

サンガー法　コラム4

DNAポリメラーゼによるDNAの複製反応を使って、塩基配列を決定する方法です。

DNA鎖では、1つ目のヌクレオチド内デオキシリボースの3'炭素に結合している水酸基（-OH）と、次のヌクレオチド内デオキシリボースの5'炭素に結合している水酸基（-OH）とが、リン酸を介して共有結合し、2つのヌクレオチドがつながっています（コラム1参照）。

サンガーは複製の反応時に、デオキシリボースの3'炭素にも水素原子（-H）が結合しているヌクレオチドを加えておくと、そのヌクレオチドが付加されたところで複製が止まってしまうことを巧みに利用しました。このデオキシリボースでは、酸素（O）原子が2'と3'の2ヵ所（英語でdi、ダイと読みます）でなくなっていますので、ダイデオキシリボースと呼ばれます。

4つのヌクレオチド（A、G、T、C）を使って複製を行うのですが、ダイデオキシリボースを持ったA、G、T、Cも用意し、ダイデオキシリボースAのみを少量入れた反応、ダイデオキシリボースGのみを少量入れた反応、ダイデオキシリボースTのみを少量入れた反応、ダイデオキシリボースCのみを少量入れた反応、の4つの反応を行います。それぞれどこで反応が止まっているかを調べれば、塩基配列がわかります（図2・6）。ダイデオキシリボースを少量しか加えないのは、少量でないと、すぐに反応すべてが止まってしまって解析

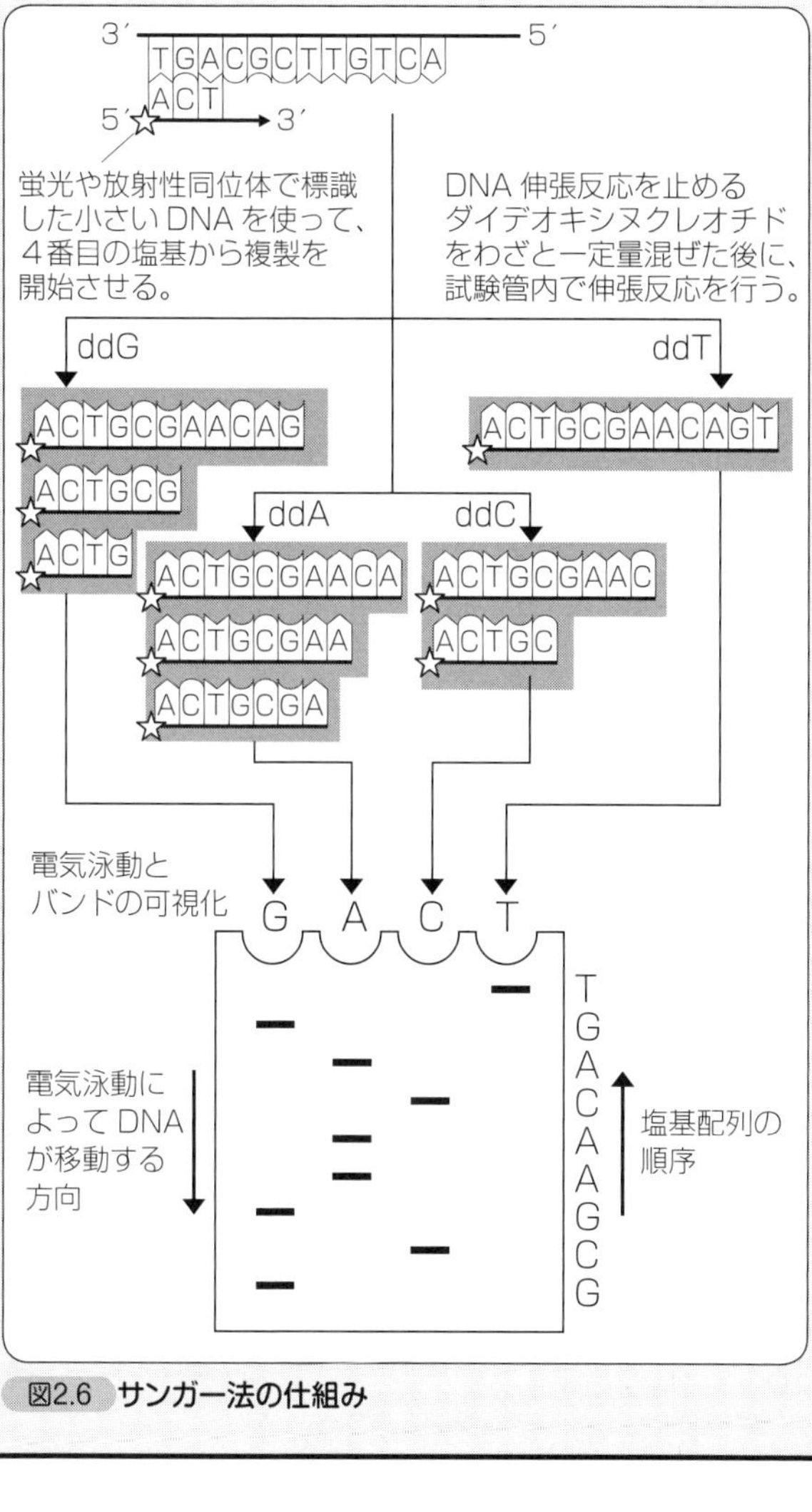

図2.6　**サンガー法の仕組み**

できなくなるためです。

コラム5

抗体遺伝子の再構成

　抗体は、重鎖《じゅうさ》タンパク質（長いほう）と軽鎖《けいさ》タンパク質（短いほう）が2つずつ組み合わさってY字形をした分子です。これも、本章の冒頭に出てきたタンパク質の4次構造です。Y字の上部の二股のところで重鎖と軽鎖がくっついていて、それらの先端部分2ヵ所で抗原に結合します。この抗原結合領域（可変部と呼びます）は重鎖タンパク質の場合、3つのパーツ（部品）に分かれていて、V、D、Jが一列につながっています。VがN末端側に存在し、JがC末端側に存在します（図2・7）。

　抗体を作り出す前の（未分化な）B細胞中の重鎖遺伝子を調べると、Vを暗号化している領域は200個あり、それらが間隔を置きながら連なっていました（なお、領域の数字は資料によって異なっているので、ブルーバックス『新しい免疫入門』に記載されているマウスの場合を採用しました）。

　200個のV領域の後ろ（3'側）には、

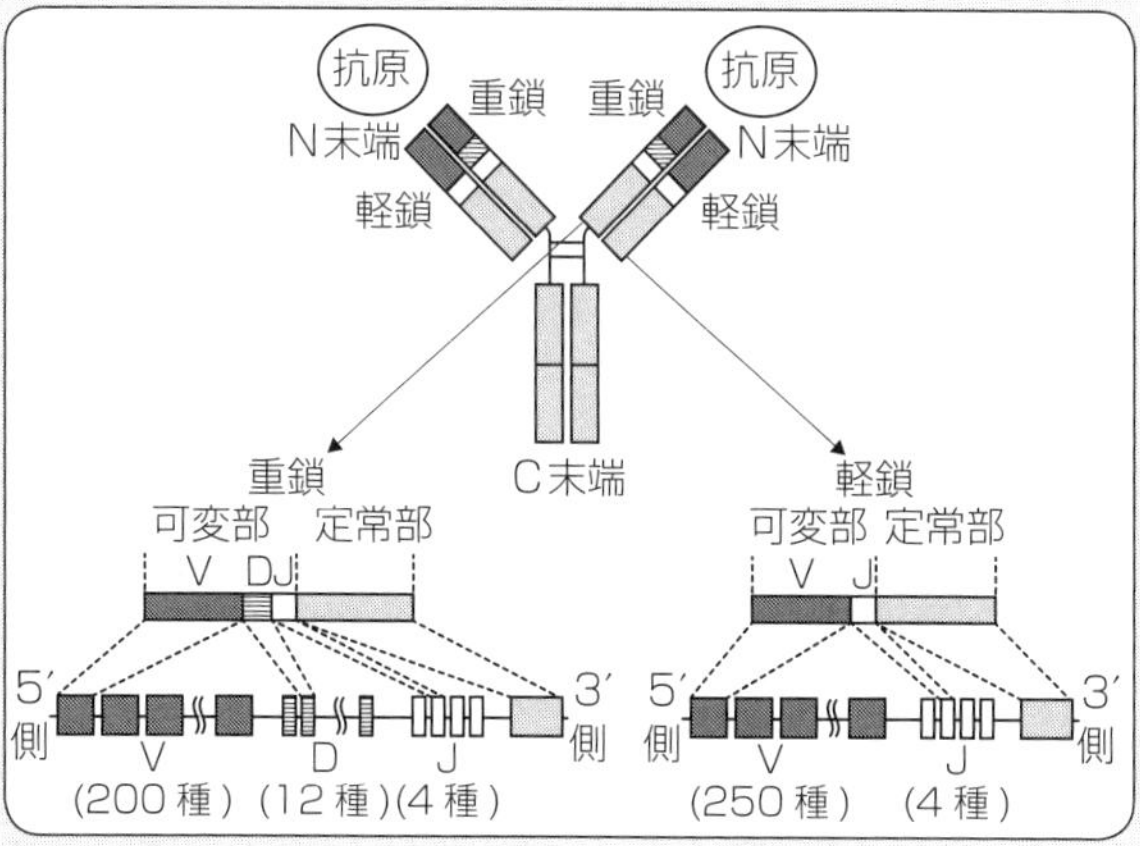

図2.7　**抗体遺伝子が再構成される仕組み**

Dを暗号化している領域が12個、やはり間隔を置きながら連なっていました。さらにD領域の後ろ（3′側）には、Jを暗号化している領域が4個、やはり間隔を置きながら連なっていました。J領域の後ろ（3′側）には、抗原結合に関与しない定常部を暗号化している領域が1つだけ存在していました。

ところが、実際に抗体を作っているB細胞の重鎖遺伝子を調べると、V領域1個、D領域1個、J領域1個と定常部の領域1個が連続してつながっていて、その他の部分は抜け落ちていました。つまりゲノムが再構成されていたのです。200個のV、12個のD、4個のJから1個ずつが選ばれますので、重鎖抗体遺伝子には200×12

×4で9600通りの組み合わせがあります。

同様に、軽鎖タンパク質の抗原結合領域(可変部)のほうは、VとJの2つのパーツに分かれていて、未分化なB細胞中の軽鎖遺伝子には、V領域250個とJ領域が4個、やはり間隔を置きながら連なっていました。その後ろ(3'側)には抗原結合に関与しない定常部を暗号化している領域が1つだけ存在していました。

一方、抗体を作っているB細胞の軽鎖遺伝子を調べると、V領域1個、J領域1個と定常部の領域1個が連続してつながっていて、その他の部分は抜け落ちており、ゲノムが再構成されていました。250個のV、4個のJから1個ずつが選ばれるので、軽鎖抗体遺伝子には250×4で1000通りの組み合わせがあります。

重鎖と軽鎖の組み合わせによって、9600×1000で960万通りの抗体遺伝子の多様性が産み出されます。このような組み合わせ以外にも、抗体遺伝子の多様性を確保する仕組みが存在するようです。さらに、このゲノム再構成によって、抗体産生細胞では重鎖遺伝子や軽鎖遺伝子の余分なところがなくなっているため、転写が極めて容易になり、抗体の大量生産に有利になっています。

第3章 DNAからタンパク質へ

遺伝子発現

ヒトの約60兆個の細胞は200種類以上の細胞に分類されます。第2章の最後で触れましたが、B細胞やT細胞以外の細胞では、保持されているゲノムはほぼ同じで、約2万7000個の遺伝子が搭載されて（組み込まれて）います。DNA内の遺伝子情報をもとにタンパク質が作られることを「遺伝子の発現」と呼びます。

200種類を超える細胞は、生体内でそれぞれ異なる役割を果たしており、そのために合成しているタンパク質は細胞の種類によって異なります。たとえば、膵臓の細胞は、多くの種類の消化酵素を作り、腸に放出して、食物を栄養に変えています。また、アルブミンは肝臓の細胞で合成されて血液中に放出されています。アルブミンは血液の中でいちばん量の多いタンパク質で、さまざまな物質の運搬や浸透圧の調整をしています。血液中のタンパク質量が低下している患者さんには、輸血するのではなく、アルブミンを血液中に補えば改善します。

逆に言うと、膵臓の細胞はアルブミンを作っておらず、肝臓の細胞は消化酵素を作っていません。これは、細胞の種類によって使われている（スイッチオンの）遺伝子と、使われていない（スイッチオフの）遺伝子が違うためです。

一方、細胞が日々活動し、分裂するために必要なタンパク質の場合、常にその遺伝子がスイッチオンになっています。たとえば、DNAを複製するためのタンパク質や、これから解説する転写や翻訳に関わるタンパク質、第4章で解説するエネルギーを産み出すためのタンパク質、タンパク質を目的の場所へ連れて行くタンパク質、第5章で解説するタンパク質の立体構造形成に関わるタンパク質、ゴミ処理を担当するタンパク質、細胞周期に関わるタンパク質などです。このような、どんな種類の細胞であってもその中で活動しているタンパク質を暗号化している遺伝子を「ハウスキーピング（家事用）遺伝子」と呼びます。

ハウスキーピング遺伝子は、すべての細胞でスイッチオンになっていますが、消化酵素の遺伝子は膵臓の細胞でのみスイッチオンになっていて、その他の細胞ではスイッチオフになっています。また、アルブミン遺伝子は肝臓の細胞でのみスイッチオンになっていて、その他の細胞ではスイッチオフになっているのです。

このようなスイッチのオン・オフは、主として、DNAからRNAを作る「転写」の段階で調節されています。RNAは比較的不安定なため、RNAひとつで何度も繰り返しタンパク質を合成する（翻訳する）ことができません。タンパク質をたくさん合成したいときは、RNAをたくさん作る（転写する）ところから始めるのが一般的です（図3・1）。この転写によって合成され、続く翻訳のために使われるRNAを「メッセンジャーRNA（mRNA）」と呼びます。

第2章ですでに、マイクロRNAやノン・コーディングRNAが、タンパク質の作られる時期

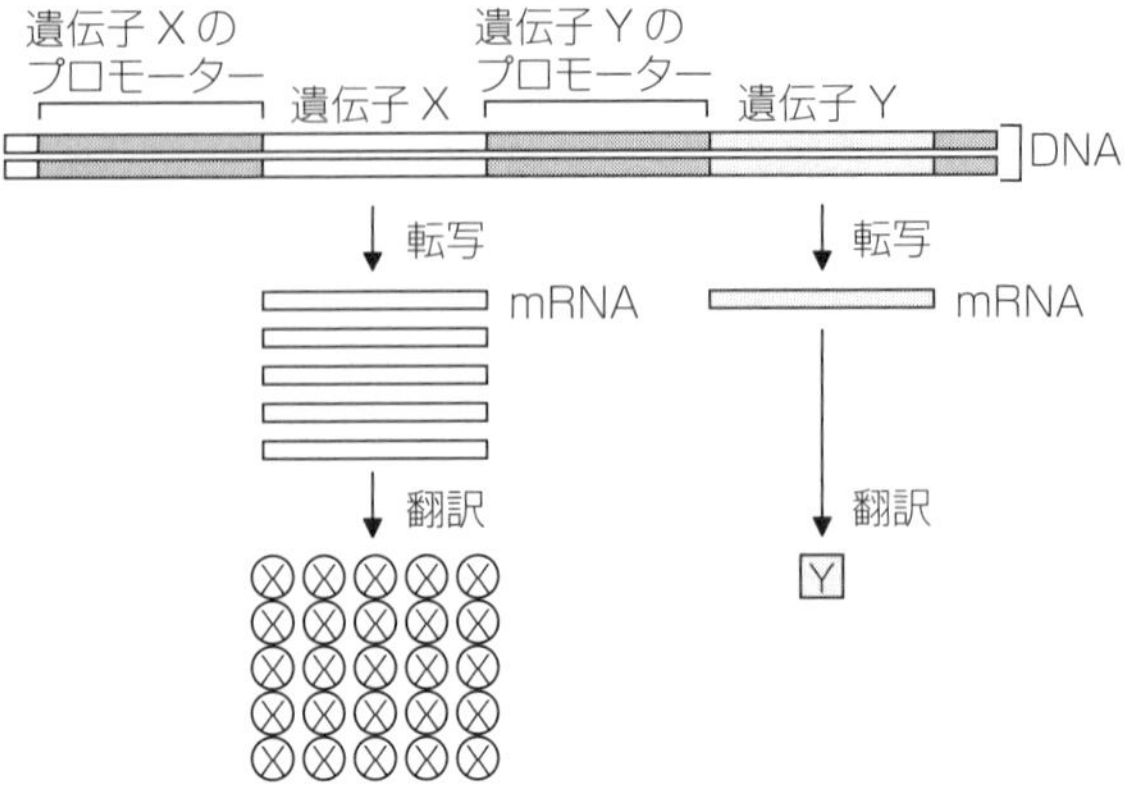

図3.1 転写するRNAの量で、合成するタンパク質の量を調整する

や場所を調節していることに触れました。そのため混乱してしまうかもしれませんが、まず転写による遺伝子発現の調節が行われ、そのあとでマイクロRNAやノン・コーディングRNAによる微調節が行われるのです。

転写——遺伝子を写し取る

まず、基本的な転写の仕組みを解説しましょう。ヒトを含めた多細胞生物や酵母では、DNAは核という区画の中に収められていて（第4章で詳しく解説します）、転写は核内で行われます。

まず、A、G、T、Cの4種類で書かれたDNAの塩基配列をもとに、A、G、C、Uの4種類の塩基でできたmRNAが合成されます。これを行う酵素をRNAポリメラーゼといい、その働き方は、塩基の対合を使うという点で、DNAを複製するDNAポリメラーゼの場合と似ています。DNAのAにはRNAのUを、GにはCを、TにはAを、CにはGを対合させて、ヌクレオチドをつないでいきます。ただしDNAは2本鎖ですから、どちらのDNA鎖をmRNA合成の鋳型として使うかという問題が生じますが、その情報もゲノムに書き込まれているのです。

遺伝子というのは、ATGという開始コドンの後ろにいろいろなコドンが続いていて、最後に終止コドンのひとつが来て終わる、という構造になっていることは第2章で説明しました。

ATGTCAGCT○□△□◇○△△◇………○□○TAA

（ATG：開始　TAA：終止）

第1章の章末コラム1を思い出してください。DNAには方向性があって、5'側から3'側に向かって多数のヌクレオチドが一列に連なっていましたね。5'側を上流、3'側を下流という言い方をします。しかもDNAは逆向きの二重らせんでしたね。ですから、上記の遺伝子は次のように方向性を持った2本鎖DNAとして表すことができます。

5'側　…ATGTCAGCT○□△□◇○△△◇………○□○TAA…　3'側
3'側　…TACAGTCGA◇△□△○◇□□○………◇△◇ATT…　5'側

開始コドンATGの上流（5'側）にTATAAという塩基配列が存在します。TATAボックス（タータボックスと発音）と呼んでいるのですが、これが2本鎖DNAのどちらを鋳型にするか決めている暗号になっています。TATAAは左右非対称ですから、必ずA側の下流（3'側）で転写が始まり、TATAボックスが存在しているDNA鎖とは反対のDNA鎖が鋳型となります。

5'側　…TATAA…ATGTCAGCT○□△□◇○△△◇……○□○TAA…　3'側
→TATAボックスの下流から転写
3'側　…ATATT…TACAGTCGA◇△□△○◇□□○……◇△◇ATT…　5'側

このTATAボックスにTATAボックス結合タンパク質が結合すると、これが引き金となって、多数の基本転写因子群という名のタンパク質群（個々の名前を覚える必要はありません）が集まってきて、最後にRNAポリメラーゼが呼び寄せられて、転写反応開始となります（このあとの図３・２参照）。ＲＮＡポリメラーゼが、次のようにＴＡＴＡボックスが存在するＤＮＡ鎖とは反対側のＤＮＡ鎖の塩基配列にしたがって、ＴにはＡを、ＡにはＵを、ＣにはＧを、ＧにはＣを対合させてヌクレオチドをつないでいきます。

コード鎖
5'側　…ＴＡＴＡＡ…ＡＴＧＴＣＡＧＣＴ○□△□◇○△△◇……○□○ＴＡＡ…　3'側
3'側　…ＡＴＡＴＴ…ＴＡＣＡＧＴＣＧＡ◇△□△○◇□□○……◇△◇ＡＴＴ…　5'側
鋳型となるＤＮＡ鎖
→ＲＮＡポリメラーゼによるヌクレオチドの連結

その結果、できたｍＲＮＡの塩基配列は、

5'側　…ＡＵＧＵＣＡＧＣＵ○□△□◇○△△◇……○□○ＵＡＡ…　3'側

となります。タンパク質のアミノ酸配列を指定しているほうのＤＮＡ鎖を「コード（暗号）鎖」と呼びます。コード鎖の塩基配列と、できたｍＲＮＡの塩基配列では、ＴがＵに置き換わっているだけで、あとは同じですよね。もちろん、ｍＲＮＡの長さは遺伝子ごとに違っています。

なお、タンパク質のアミノ酸配列を指定しているところだけが転写されるのではなく、上記のように開始コドンの少し前（5'側）かつTATAボックスの少し後ろ（3'側）から始まって、終止コドンの少し後ろ（3'側）で終わります。そのため、できたmRNAの中にはタンパク質のアミノ酸配列を指定している塩基配列（開始コドン〜終止コドン）が完全に含まれるわけです。

ただし、開始コドンのどれくらい前から転写が始まって、終止コドンのどれくらい後ろで転写が終わるかは、遺伝子ごとにバラバラで、統一された決まりはありません。TATAボックスと開始コドンの間の距離も、30〜100塩基と遺伝子によってかなり差があります。そんないい加減な仕組みでいいのだろうかと思われるかもしれませんが、この説明は後回し（クロマチンの項）にします。

頭としっぽに印をつける

DNAは2本鎖なので、この2本の鎖がぴったりくっついていると転写できません。でも、心配ご無用です。RNAポリメラーゼ自身が前方のDNA2本鎖をほどきながら転写し、転写が終わった後ろで再び2本鎖に巻き戻すのです。RNAポリメラーゼは多芸ですね（図3・2）。

RNAポリメラーゼのX線結晶構造解析に成功したロジャー・コーンバーグは、2006年にノーベル化学賞を単独受賞しています。このとき、親子でノーベル賞というのが大きな話題となりました。というのも彼の父、アーサー・コーンバーグがDNAポリメラーゼの発見によって、

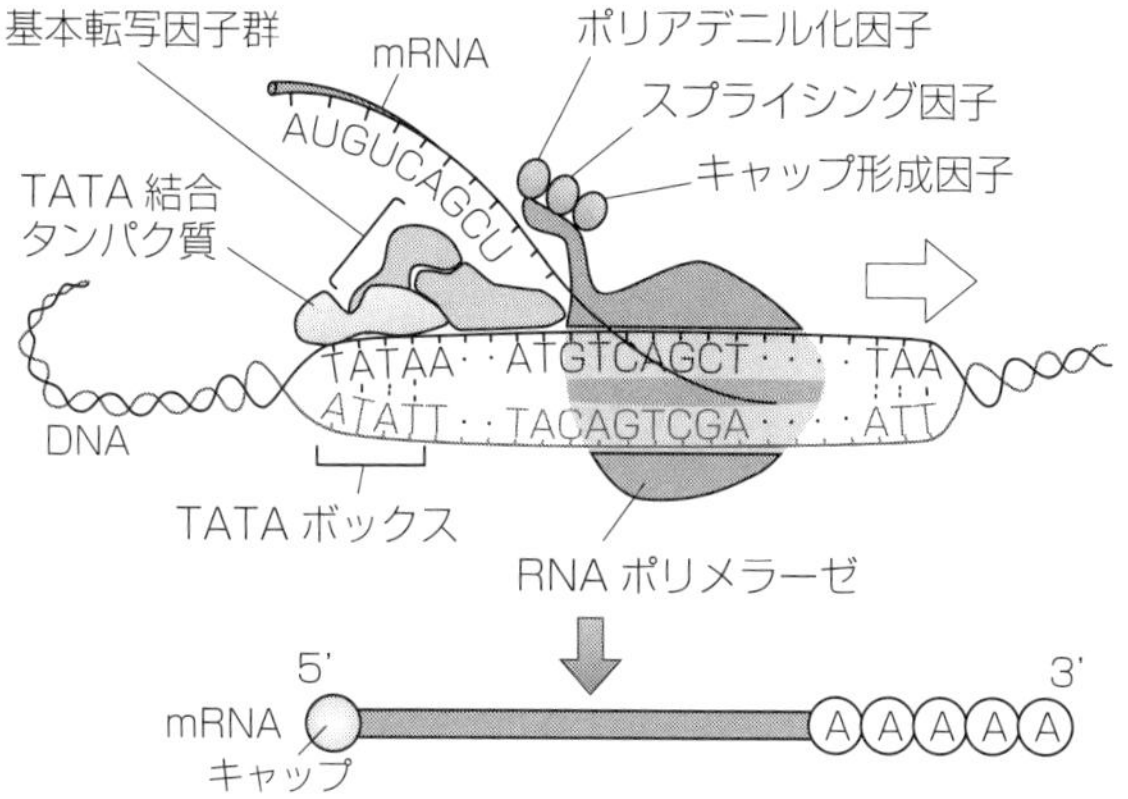

図3.2　**転写の基本的な仕組み**

RNA合成の研究を先導したセベロ・オチョアとともに、1959年のノーベル生理学・医学賞を受賞していたからです。すごい家族ですね。

RNAポリメラーゼは、かなり大きなタンパク質で、しっぽのように見える部分に3つのタンパク質を乗せた状態で転写を行います。

転写されたmRNAはどんどんDNAから離れていきますが、RNAポリメラーゼに乗った3つのタンパク質のうちの1つ目は、キャップ形成因子という名の酵素です。mRNAが約30塩基分作られたときに、mRNAの5'側の末端にキャップという、まるでmRNAが帽子をかぶっているように見える特殊なヌクレオチドを結合させます（三浦謹一郎発見）。

2つ目はスプライシング因子で、のちほど「スプライシング」の項で解説します。3つ目のタンパク質は、転写が終わった後のmRNAの3'末端にA

（アデニン）を250個ほど連続して結合させるポリアデニル化因子という名の酵素です。この「AAA……AAA」はポリA（ポリエー）と呼ばれます。

間違わないでほしいのは、ゲノムの中の遺伝子の転写終了点の後ろに「AAA……AAA」という塩基配列が続いているわけではないことです。RNAポリメラーゼのしっぽに乗っかっているポリアデニル化因子が、転写終結の際にゲノムの塩基配列とは無関係にポリAをくっつけるのです。mRNAの中で、キャップとポリAだけがゲノムの塩基配列に対応していませんが、mRNAの安定性を高め、翻訳の効率を上げる役割をしています（章末コラム6参照）。この両方を持ったもののみが一人前のmRNAと見なされ、核膜孔（第4章で解説します）を通って細胞質に運ばれ、翻訳されます。

転写制御

ある遺伝子が、いつ（すなわち、発生や成長のどの段階で発現するのか）、またどこで（すなわち、膵臓や肝臓などのどの組織や臓器で）、どれくらい発現するのか、という情報も、それぞれ別個にゲノムに塩基配列として書き込まれています。

このような転写を制御（調節）する塩基配列は遺伝子の外にあり、多くの場合はTATAボックスの上流（5'側）に書き込まれています。TATAボックスという基本転写を決めている配列と転写調節配列とを含み、ある遺伝子がいつ、どこで、どれくらい発現するかを決めているゲノムの領域を、その遺伝子のプロモーターと呼んでいます。

プロモーター内の転写調節配列は、６塩基程度の短い連続した塩基配列ですが、たとえ６塩基であっても、塩基は４種類ありますので、その組み合わせは４の６乗で４０９６通りにもなります。つまり４０９６通りの調節パターンができるわけです。ヒトの遺伝子数は約２万７０００でしたが、たとえば膵臓では、多くの種類の消化酵素が作られていて、どの消化酵素の遺伝子も共通の転写調節配列を使って膵臓でのみ発現するようになっていれば、そのぶんだけレパートリー（種類）は少なくてすみます。

転写調節配列が持つ情報は、転写調節因子（略して転写因子）というタンパク質が結合することで読み取られます。転写因子は、読み取った情報をもとに、先ほど解説したＴＡＴＡボックス結合タンパク質を中心とした基本転写因子群とＲＮＡポリメラーゼに、転写反応開始を促すのです（図３・３）。たとえると、転写調節配列が太鼓で、転写因子がそれを叩く太鼓奏者です。太鼓奏者が、ある遺伝子のプロモーター内に存在する太鼓を見つけて叩くと、それが基本転写因子群とＲＮＡポリメラーゼに伝わって、その遺伝子の転写反応（ＲＮＡ合成）開始となるのです。

基本転写因子群は、遺伝子の転写の仕組みに直接関わるタンパク質ですが、転写因子は、転写量（転写の頻度〔何回転写するか〕と言い換えることができます）を調節するタンパク質で、遺

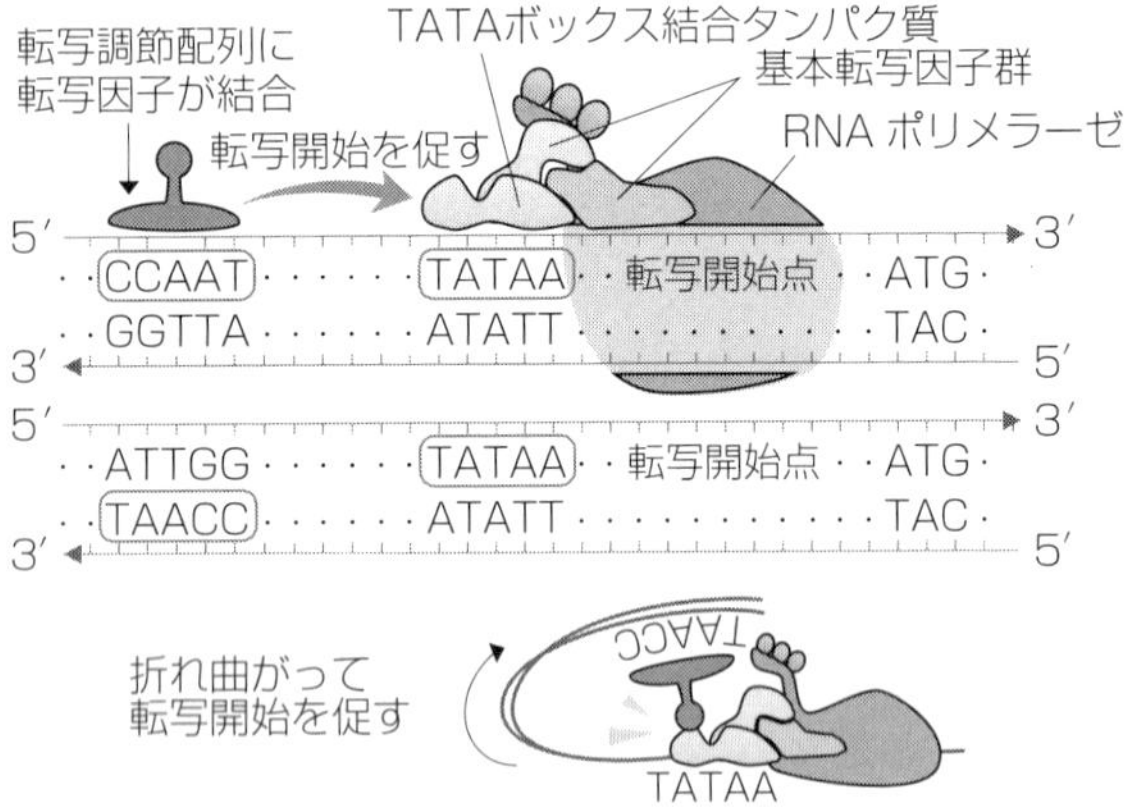

図3.3 転写制御の仕組み

伝子発現のスイッチを担っています。ヒトには数千種類もの転写因子が存在しており、全遺伝子数の約1割に達する数です。それくらい、遺伝子をいつ、どこで、どれくらい発現させるか、という転写調節は生物にとって重要なのです。

じつは転写調節配列は、遺伝子の下流（3'側）に存在しても、TATAボックスのかなり上流（5'側）に存在してもかまいませんし、向きもどちらでもかまいません。

たとえば、CCAATという転写調節配列は、ハウスキーピング遺伝子用の情報（常時かなり多量に発現する）となっています。図3・3を見てください。このCCAATは、上のようにTATAAが存在しているDNA鎖の側に存在していても、下のように反対側の鎖に存在していてもかまわないのです。反対のDNA鎖では、左（3'側）から読むとT

AACCですが、右（5'側）からだとCCAATと読めますから問題ありません。
DNAは柔軟な構造をしていて、折れ曲がることができるし、ねじれることもできます。そのため、転写調節配列が1次元的には遠く離れていても、3次元的には近くに来ることができ、2本鎖DNAのどちらの側に存在していても問題ないのです。転写制御って柔軟なのですよ。

プロモーターを使って遺伝子を操る

本章の冒頭で触れましたが、消化酵素の遺伝子は膵臓の細胞でのみスイッチオンになっていて、その他の細胞ではスイッチオフになっています。また、アルブミン遺伝子は肝臓の細胞でのみスイッチオンになっていて、その他の細胞ではスイッチオフになっています。これを、プロモーターを使って説明するとどうなるでしょうか。

消化酵素遺伝子のプロモーターは、TATAボックスに加えて、この遺伝子が膵臓でだけ発現するための転写調節配列Aを含んでいます。アルブミン遺伝子のプロモーターは、TATAボックスに加えて、この遺伝子が肝臓でだけ発現するための転写調節配列Bを含んでいます。もちろん、転写調節配列Aの塩基配列と転写調節配列Bの塩基配列は異なります。

転写調節配列Aを読み取って結合し、太鼓を叩く転写因子Aが膵臓でのみ存在しています。転写調節配列Bを読み取って結合し、太鼓を叩く転写因子Bが肝臓でのみ存在しています。この結果、消化酵素は膵臓でのみ作られ、アルブミンは肝臓でのみ作られるのです（図3・4上）。当然、どうして転写因子Aが膵臓でのみ存在し、転写因子Bが肝臓でのみ存在するのか疑問に思われるでしょう。それも、それぞれのプロモーターの問題に行き着いて、転写因子Aを膵臓でのみ発現させている転写調節配列Cと転写因子Cが存在することになります。転写因子Bを肝臓でのみ発現させている転写調節配列Dと転写因子Dが存在することになります（図3・4下）。

転写調節配列と転写因子のどちらが先か、ということを考えだすと、ニワトリと卵の問題になってしまいますが、我々がたった1個の受精卵であったときには、中に母親由来の転写因子が存在していて、我々のゲノムの中の転写調節配列を使って転写を実行してくれるのです（第5章で再び詳しく解説します）。ゲノムが生命の設計図となっていて、初期には母親の助けを受けることによって、我々は最終的に60兆個の細胞からなる大人になることができます。なんとも壮大なドラマですね。

ここで、もうひとつ重要な解説を加えておきます。転写に関わる転写因子、基本転写因子群、RNAポリメラーゼはプロモーターに作用しますが、その下流の遺伝子（タンパク質のアミノ酸配列を指定しているところ）の塩基配列を読んで転写しているのではなく、TATAボックスの下流に存在する遺伝子を自動的に転写しているだけです。このことは、プロモーターを換えれば、遺伝子の発現パターンを変更できることを意味しています。

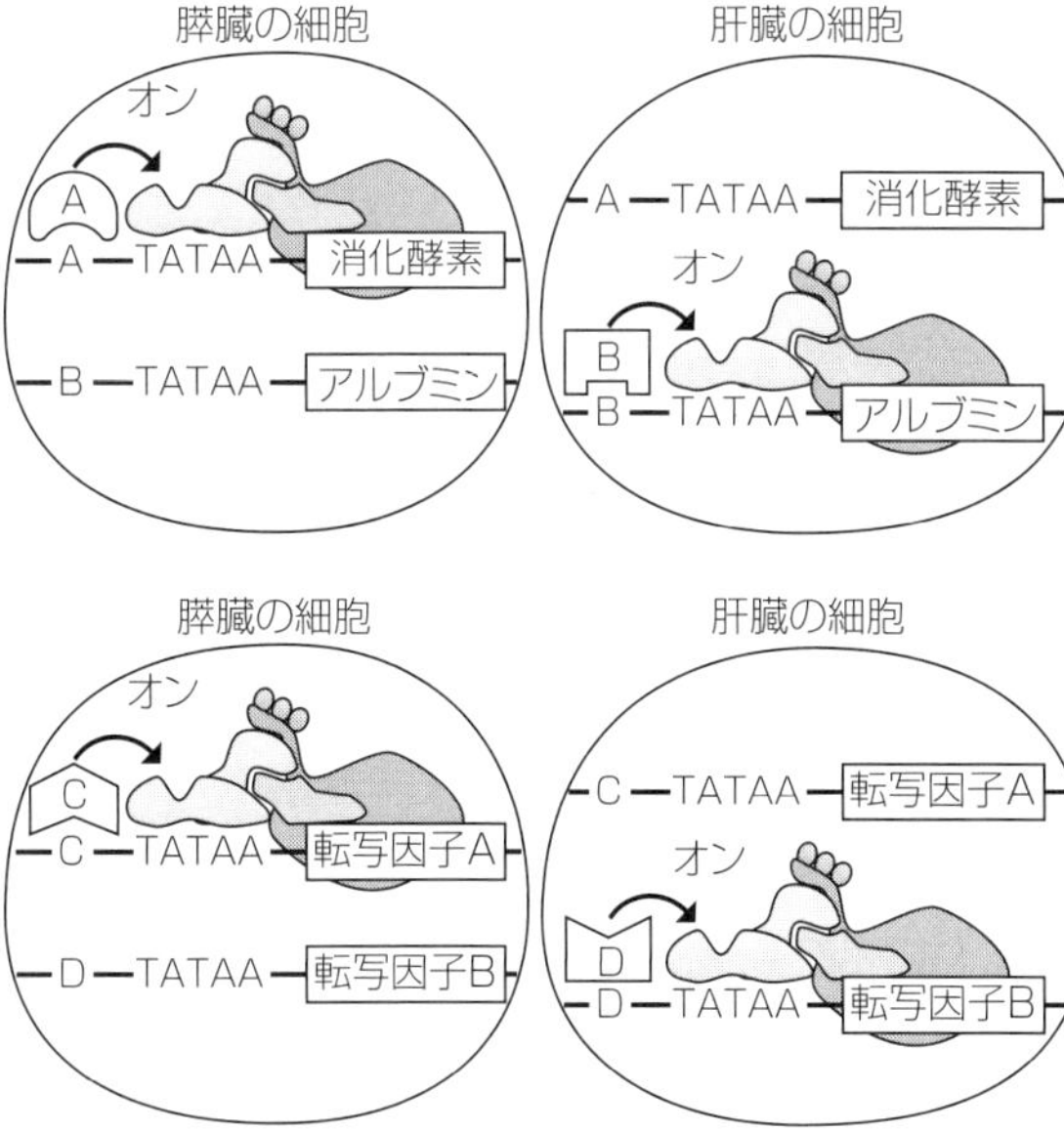

図3.4　遺伝子が特定の組織のみに働く仕組み

つまり、消化酵素遺伝子のプロモーターにアルブミン遺伝子をつなげば、アルブミンは膵臓でのみ発現するようになり、アルブミン遺伝子のプロモーターに消化酵素遺伝子をつなげば、消化酵素が肝臓でのみ発現するようになるのです。

この原理を理解できていれば、狙った遺伝子の発現パターン（いつ、どこで、どれくらい）を自分の思うように変えて、その影響を、たとえば線虫やマウスの個体レベルで調べることができます。やってみたい、とワクワクしませんか。実例を第7章で紹介します。

比較的最近の研究によって、転写はDNAの存在状態と密接な関係にあることが明らかになりました。

クロマチン

大腸菌の場合と違って、ヒトを含めた多細胞生物や酵母では、DNAは裸の状態で核内に存在するのではなく、ヒストンというタンパク質8個でできた円筒状の芯に、約2回転巻き付いてヌクレオソームという構造を作っています。DNAは、1つ目のヒストン芯に巻き付いたら、少し裸の状態になり、こんどは2つ目のヒストン芯に約2回転巻き付いて、また少し裸の状態になったら、さらに3つ目のヒストン芯に約2回転巻き付いて……、ということを繰り返しています(図3・5)。

ヌクレオソームが多数一列に連なったものが、さらにその3倍くらいの厚みの中に不規則に集合したものを「クロマチン」と呼んでいます。DNAは、このようなクロマチンの状態で核内に収まっています。染色体は、このクロマチンが細胞分裂の際に形成する特殊な構造体のことで、通常は、あのようなX字の形(図2・5参照)をしているわけではありません。さらにクロマチンは、ヌクレオソームが密集しているクローズド(閉じた)クロマチンと、あまり密集していないオープン(開いた)クロマチンに大別されます。ご想像の通り、オープンクロマチンでは、転

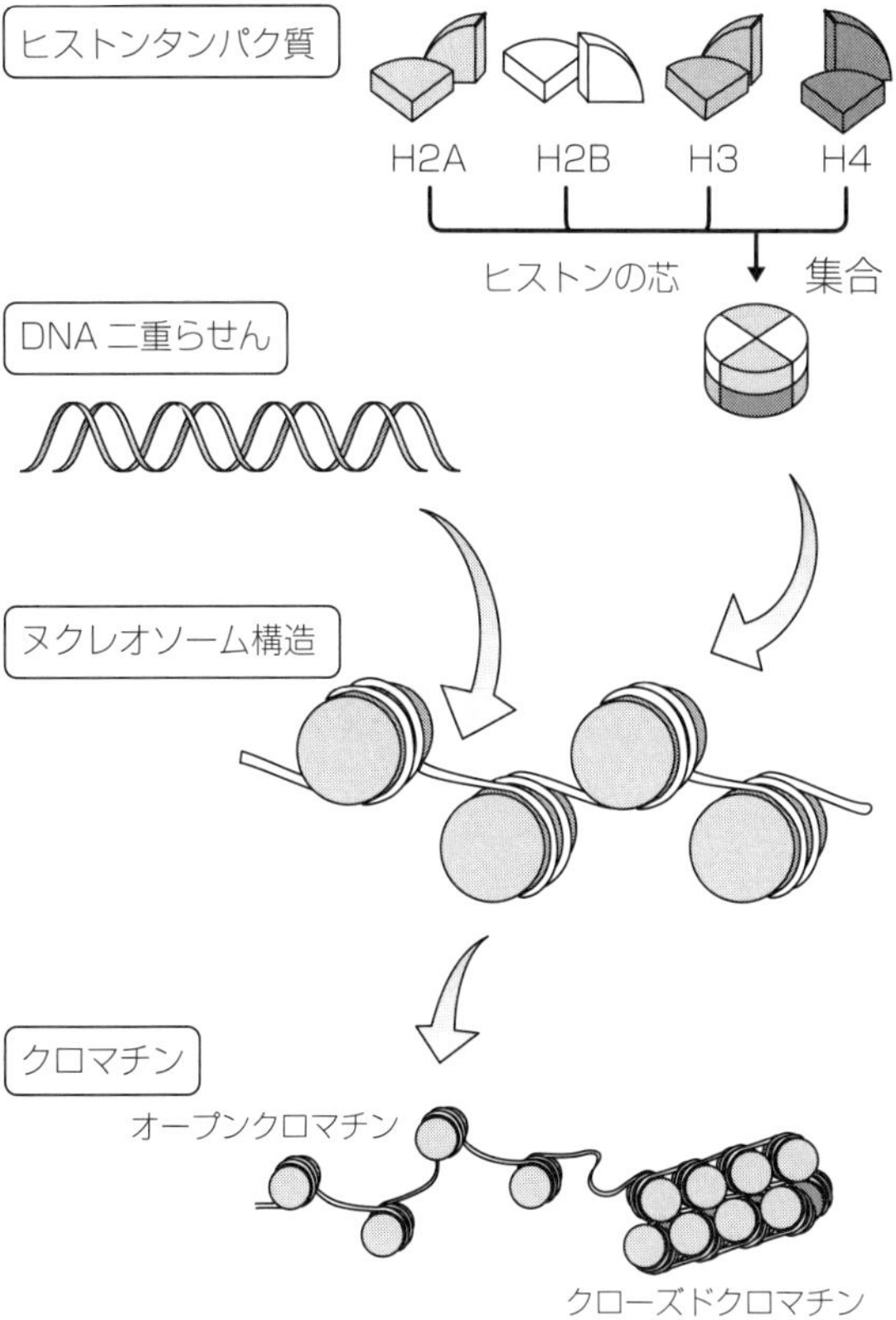
ヒストンタンパク質
H2A
H2B
H3
H4
ヒストンの芯
集合
DNA 二重らせん
ヌクレオソーム構造
クロマチン
オープンクロマチン
クローズドクロマチン

図3.5 クロマチン構造

写が活発に行われています。

といっても、ヌクレオソーム中では、プラスの電荷を持っている塩基性のヒストンと、マイナスの電荷を持っているＤＮＡのリン酸が、イオン結合によって結合しているため、この状態では転写は起こりません。転写因子が、オープンクロマチンの中の露出した転写調節配列に結合することによって、転写が始まる際には、転写因子自身、あるいはその相棒タンパク質が作用して、ヒストンが持っているプラスの電荷を中和します。

具体的には、ヒストンタンパク質中でプラスの電荷を持っているリシンという名のアミノ酸に、アセチル基を結合させ（アセチル化）、プラスの電荷を消します。すると、イオン結合できませんから、ヒストンとＤＮＡとの結合が弱まって、ＤＮＡが裸の状態になります。裸の状態になったＤＮＡのＴＡＴＡボックスにＴＡＴＡボックス結合タンパク質が結合し、さらに多数の基本転写因子群が集まってきて、最後にＲＮＡポリメラーゼが引き寄せられて、転写反応開始となります。難しい言い方をすると、クロマチン・リモデリングです。

つまり転写においては、ＴＡＴＡボックスと転写開始点との間の距離や、転写開始点と開始コドンとの間の距離は小さな問題で、ＤＮＡが緩んでいるかどうかのほうが、はるかに大きな意味を持つのです。

翻訳——暗号解読してタンパク質合成

核内での転写によって合成され、細胞質に運び出されたmRNAは、リボソームで翻訳されます。ヒトを含めた多細胞生物や酵母では、リボソームは4種類のRNA（リボソームRNA、略してrRNAと表記）と多数のタンパク質でできた巨大な分子装置です（詳しくは章末コラム6参照）。リボソームのX線結晶構造を明らかにしたヴェンカトラマン・ラマクリシュナン、トマス・スタイツとアダ・ヨナスは、2009年にノーベル化学賞を受賞しています。

遺伝情報がタンパク質に翻訳されるということは、mRNA内の暗号にしたがって、指定されたアミノ酸が順番につながっていくことを意味します。基本転写の項で登場したサンプル遺伝子のmRNAで説明しましょう。

5'側　…AUGUCAGCU○□△□◇○△△◇……○□○UAA…　3'側

AUGというコドンはメチオニン、UCAというコドンはセリン、GCUというコドンはアラニンという名のアミノ酸をそれぞれ暗号化しているので、それらの暗号にしたがって、アミノ酸がリボソームに運ばれてきます。1つ目のメチオニンが運ばれた後、2つ目のコドンにしたがってセリンが運ばれてくると、1つ目のメチオニンのカルボキシル基と2つ目のセリンのアミノ基が脱水縮合して、2つのアミノ酸がつながります。第2章の冒頭で触れたペプチド結合です。続いて、3つ目のコドンにしたがってアラニンが運ばれてくると、2つ目のセリンのカルボキシル基と、3つ目のアラニンのアミノ基が脱水縮合してつながります。

これが繰り返され、アミノ酸がどんどんつながっていきます。1つの細胞には、リボソームが数百万個も存在し、それぞれが1秒間に2個のアミノ酸を結合させています。面白いことに、このペプチド結合の形成を触媒しているのはタンパク質ではなく、rRNAの一つです。これこそまさにRNAワールドの名残なのでしょう。

翻訳はかなりややこしい作業なので、その仕組みの詳細については章末コラム6をご覧ください。ここでは、翻訳とは、mRNA内のコドンにしたがって、アミノ酸が順番に数珠つなぎされる過程だと理解すれば十分です。

スプライシング——切ってつないで

大腸菌を使って遺伝暗号の解読が進み、得られた知見をもとに、酵母、さらにヒトを含む多細胞生物の遺伝暗号が調べられました。その結果、驚きの事実が浮かび上がってきました。高等動物では、遺伝子が分断されていたのです。

多くの人にとっては「分断って何のこっちゃ?」という感覚かもしれません。遺伝子とは、次のように開始コドンと終止コドンの間に多数のコドンが挟まったものだと説明しました。

5'側　…ATGTCAGCT○□△□◇○△△◇……○□○TAA…　3'側

これは、大腸菌の遺伝子や酵母の多くの遺伝子の構造です。高等動物では、この間に、タンパク質のアミノ酸配列を暗号化していない余計な塩基がかなり多量に、それも何ヵ所にも及んで挿入されていたのです。

…ATGTC「挿入1」AGCT○□△□「挿入2」◇○△△◇…「挿入3」…○□○TAA…

開始（ATG）　終止（TAA）

このような遺伝子でも、開始コドン「ATG」の上流の転写開始点から、終止コドン下流の転写終了点まで、挿入部分を含めて一気に転写されます。このとき転写されたmRNAを「1次転写産物」または「前駆《ぜんく》体《たい》mRNA」と呼びます。

（転写された1次転写産物）

…AUGUC［挿入1］AGCU○□△□［挿入2］◇○△△◇…［挿入3］…○□○UAA…

もちろん、挿入部分はタンパク質を暗号化していませんから、不要です（あると邪魔になります）。そこで、RNAポリメラーゼのしっぽに乗っかっていたスプライシング因子（図3・2参照）が1次転写産物に作用して、要らない挿入部分を切り取ります。その結果できあがるのが成熟mRNAです。この挿入部分を切り取る作業を「スプライシング」といいます（図3・6）。

（スプライシングされ完成した成熟mRNA）

…AUGUCAGCU○□△□◇○△△◇……○□○UAA…

もとの遺伝子領域のうち、成熟mRNAに残る部分をエキソン、切り取られて残らない部分をイントロンといい、高等動物では、エキソンがイントロンによって分断されています。

では、スプライシング因子はどうやって、どこからどこまでがイントロンだとわかるのでしょうか。最も単純化した言い方をすれば、イントロンは「GURAGU」（RはAまたはG）から始まって「YYYYYYYNCAG」（YはCまたはU、NはA、G、U、Cのどれでもよ

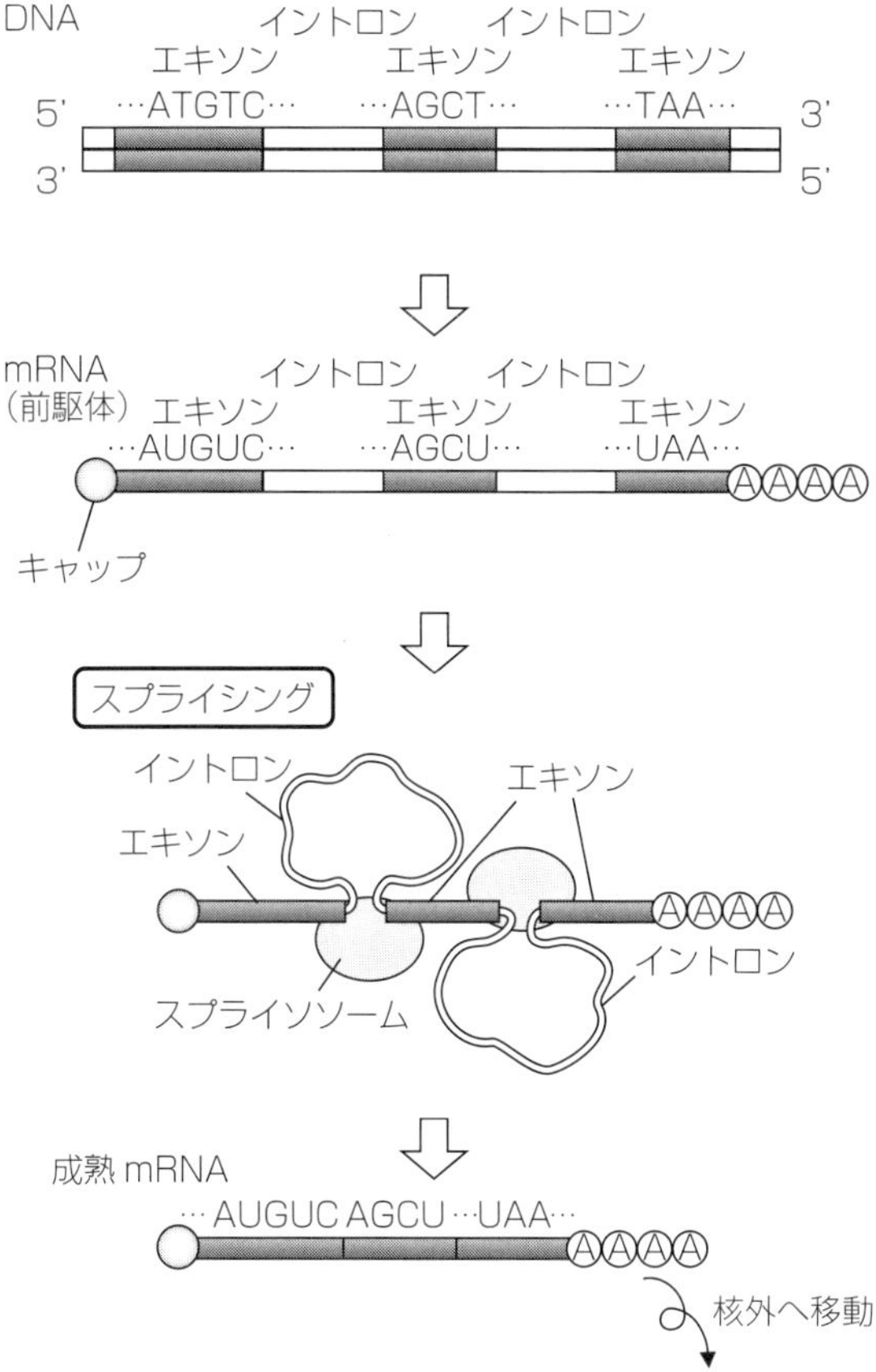
DNA
イントロン
イントロン
エキソン
エキソン
エキソン
5'
…ATGTC…
…AGCT…
…TAA…
3'
3'
5'
mRNA
（前駆体）
イントロン
イントロン
エキソン
エキソン
エキソン
…AUGUC…
…AGCU…
…UAA…
AAAA
キャップ
スプライシング
イントロン
エキソン
エキソン
AAAA
イントロン
スプライソソーム
成熟 mRNA
… AUGUC AGCU …UAA…
AAAA
核外へ移動

図3.6 スプライシング

い）で終わっているためです。スプライシングされる位置に共通な塩基配列があるので、エキソンと区別できます。この配列を目印にスプライシング因子（スプライソソームと呼ばれる、多数のRNAとタンパク質でできた巨大な分子装置）が、スプライシングする位置を間違わないように切り取りをしています。

さらに、スプライシングのやり方を時と場所によって変えることによって、1つの遺伝子から複数の成熟mRNA、そして一部のアミノ酸配列が異なる複数のタンパク質を作ることができます。これを選択的スプライシングと呼びます。この選択的スプライシングでは、エキソン由来のmRNA配列までも一部切除し、多様な成熟mRNA、ひいては多様なタンパク質を作ります。これが、わずか2万7000個という少ない遺伝子に多様性を持たせる術として最初に発見されたものです。スプライシングを発見したフィリップ・シャープとリチャード・ロバーツは、1993年にノーベル生理学・医学賞を受賞しています。

ここでもう一度、進化にともなう遺伝子数の変化を見てみましょう。酵母、線虫、ヒトの遺伝子数は、それぞれ約6000、約2万4000、約2万7000でしたね。遺伝子数は、酵母に比べて、線虫で4倍、ヒトで4・5倍に増えています。

これに対し、ゲノムサイズを比べてみると、酵母、線虫、ヒトではそれぞれ、1200万塩基対、9600万塩基対、32億5400万塩基対です。酵母に比べて線虫で8倍（遺伝子数変化の

2倍程度）ですが、ヒトではなんと270倍（遺伝子数変化の60倍）にもなっています。イントロンの存在が、この飛躍的なゲノムサイズの増加に貢献しています。また、トランスポゾンというゲノム上を動くDNA配列も、かなり大量に高等動物ゲノムに入り込んでいて（なんと全ゲノムの40〜50%にもなる量です）、進化の原動力になっていると言われています。

以前は、イントロンはまったく無駄な物だととらえられていましたが、最近、第2章の遺伝子数のところで説明したように、さまざまなマイクロRNAやノン・コーディングRNA（非暗号化RNA）がイントロン内にも暗号化されていて、RNAのレベルで遺伝子発現の微調整をしていると考えられるようになってきました。また、本章で出てきた転写調節配列がイントロン内にも多数存在することがわかっています。イントロンも役に立っているのです。

逆転写

近年、流行した怖い感染症（伝染病）といえば、2014年に大流行したエボラ出血熱、2009年の新型インフルエンザ、2005年の鳥インフルエンザでしょう。いずれもウイルスという、生物と無生物の中間のものが病原体です。

ウイルスは細胞よりずっと小さいのですが、DNAあるいはRNAをゲノムとして持っており、私たちの細胞を宿主にして感染し、宿主（細胞）が持つ転写・翻訳・小胞輸送（第4章）・

タンパク質の立体構造形成（第5章）などの仕組みを使って増殖します。さらに、細胞を飛び出して、同じ宿主内の別の細胞や他人の細胞に感染して増殖します。

これまではゲノム＝DNAと説明してきたので、あるウイルスはRNAをゲノムとして持つという説明に違和感を覚える人もいるかもしれません。RNAとタンパク質でできていて、DNAを持っていないウイルスを「RNAウイルス」といいます。

私たちの細胞はDNAを複製する仕組みを持っています。ですから、DNAを持つウイルスがこの仕組みを利用することは容易に理解できます。では、RNAしか持たないウイルスは、どのようにしてDNA複製の仕組みを利用するのでしょうか。

ハワード・テミンとデビッド・ボルティモアは、RNAウイルスが独自の「逆転写酵素」を持っていることを発見しました。RNAウイルスが感染すると、宿主細胞内にウイルス由来のRNAが出現します。逆転写酵素は、このRNAを鋳型としてまず1本鎖DNAを合成し、さらにこの1本鎖DNAを2本鎖DNAにします。逆転写酵素によって合成されたウイルス由来の2本鎖DNAが、宿主のゲノムに入り込んで転写が開始されるわけです。

セントラルドグマ（DNA→RNA→タンパク質）にも、例外（RNA→DNA）があったということです。テミンとボルティモアは、腫瘍ウイルスの研究を深化させたレナート・ダルベッコ（テミンとボルティモアの先生でもあります）とともに、1975年にノーベル生理学・医学賞を受賞しています。

私が米国留学を考えていた1980年代、米国で流行していた恐怖の感染症（伝染病）はエイズ（後天性免疫不全症候群）でした。その当時は、エイズは「かかったら終わり」「不治の病」と恐れられていました。エイズにかかると免疫能力が落ちるので、日和《ひより》見《み》感染といって、健康な人なら問題にならない病原菌に感染して、死に追いやられます。

エイズ発症の原因はなかなかわからなかったのですが、血液の中に何かが潜んでいるのではないかと考えられていました。というのも、血友病の患者さんに感染者が多かったからです。血友病は遺伝性の病気で、その患者さんは出血したときに血液を固めるためのタンパク質を持っていません。そのため、治療法として健常な人の血液を輸血し、血液凝固タンパク質を補充していました。

また、麻薬中毒患者（麻薬を静脈注射するが、注射器を使い回すことが多く、他人の血液が混入する）、ゲイ（性交渉時に出血する）にも多くのエイズ発症者が出ました。歯の治療中に感染したという事例も出てきて、当時渡米する予定だった私は、向こうで歯医者にかからなくてすむよう、日本にいる間に歯の治療を徹底的にしていきました（それでも、親知らずが痛んで一度歯医者に行くはめになりましたが）。

中世ヨーロッパでは、幾度となく伝染病が大流行しました。ウイルスや細菌は目に見えないため、当時の人々は、何か伝染病を引き起こす生物が突然わいてきた、つまり「無」から「有」が生まれた、と考えていました。この生命の「自然発生説」を明快に否定したのが、19世紀の研究者ルイ・パスツールです。実験によって「生命体は生命体からのみ生まれること」「微生物が病原体であること」を証明しました。であれば、エイズという感染症にも病原体が存在するはずです。

エイズの病原体究明に取り組み、RNAウイルスの一種であるエイズウイルス（HIV）を発見したのは、フランスのリュック・モンタニエとフランソワーズ・バレシヌシ、このウイルスの病原性の証明に初めて成功したのは米国のロバート・ギャロです。この成果によりエイズ発症機構の研究が進み、満屋裕明によってエイズの特効薬が開発されたことで、エイズは不治の病ではなくなりました。

しかしエイズという病気自体はなくならず、むしろ患者は増えていると聞きます。不特定多数との性交渉はエイズウイルス感染の危険性を高めるので、とくに若い人たちは気をつけなければいけません。モンタニエとバレシヌシは、ヒトの子宮頸《けい》がんを引き起こすパピローマウイルス（DNAウイルス）を発見したハラルド・ツア・ハウゼンとともに、2008年のノーベル生理学・医学賞を受賞しています。

一方、ギャロは、フランスのグループから提供された試料からウイルスを発見し、それがエイズを引き起こすことを初めて証明しました。ギャロはこのウイルスに、モンタニエが付けた名前とは別の名前を付け、自分の発見として論文を発表しました。

のちに、ギャロが発見したウイルスは、モンタニエが発見したものと同じであることが判明し、エイズウイルスを発見したのはモンタニエなのか、ギャロなのか米仏２国間の大論争になりました。調査の結果、ギャロに提供されたフランスのグループの試料は、モンタニエが発見したエイズウイルスに感染したものだったことが明らかになり、ウイルスの発見者はモンタニエらになりました。ギャロはこのウイルスがエイズの原因と特定し、エイズ研究において大きな貢献をしたにもかかわらず、ノーベル賞の受賞者から外されました。こんなこともあるのです。

コラム 6 翻訳はどのように行われているのか

ｍＲＮＡ内のコドンとアミノ酸を正確に対応させるためには一工夫必要です。正確でないと、遺伝情報が誤って伝わってしまうからです。このために使われているのが運搬ＲＮＡ（トランスファーＲＮＡ、略してｔＲＮＡと表記）です。

ｔＲＮＡはクローバーのような形をしていて、その片側に、ｍＲＮＡ内のコドンと正確に対になる３塩基を露出させています。これをアンチコドンと呼んでいます。これまで何度も出てきたサンプル遺伝子由来mRNA内の2番目のコドンUCAのアンチコドンはAGUです。tRNAのアンチコドンの反対側には、コドンによって暗号化されているアミノ酸のカルボキシル基が共有結合しています。UCAに対応するtRNAの場合、必ずセリンが結合しています。tRNAは、コドンとアミノ酸の間を取り持つ分子なのです。

リボソームは、マンガ的に書くと、丸い座布団の上に工事用のヘルメットが乗っかったような構造をしていますが、翻訳をしていないときには、ヘルメットと丸座布団は離れています。丸座布団には、相棒として、翻訳を開始させるためのタンパク質（翻訳開始因子）と、翻訳開始専用のtRNAが乗っています。翻訳開始コドンAUGに対応するアンチコドンUACが露出していて、反対側にアミノ酸のメチオニンが共有結合しています（図3・7上左）。

核から細胞質に輸送されてくるmRNAの5'側にキャップ、3'側にポリAがついていることはすでに説明しました。リボソームの丸座布団は、このキャップを見つけてmRNAの5'末端に結合します（図3・7上右）。ポリAもこの結合を助けますので、基本転写の項で述べたように、キャップとポリAが翻訳効率を高めるのです。

次に、丸座布団はmRNAに沿ってすべるようにして3'末端側に向かって移動しま

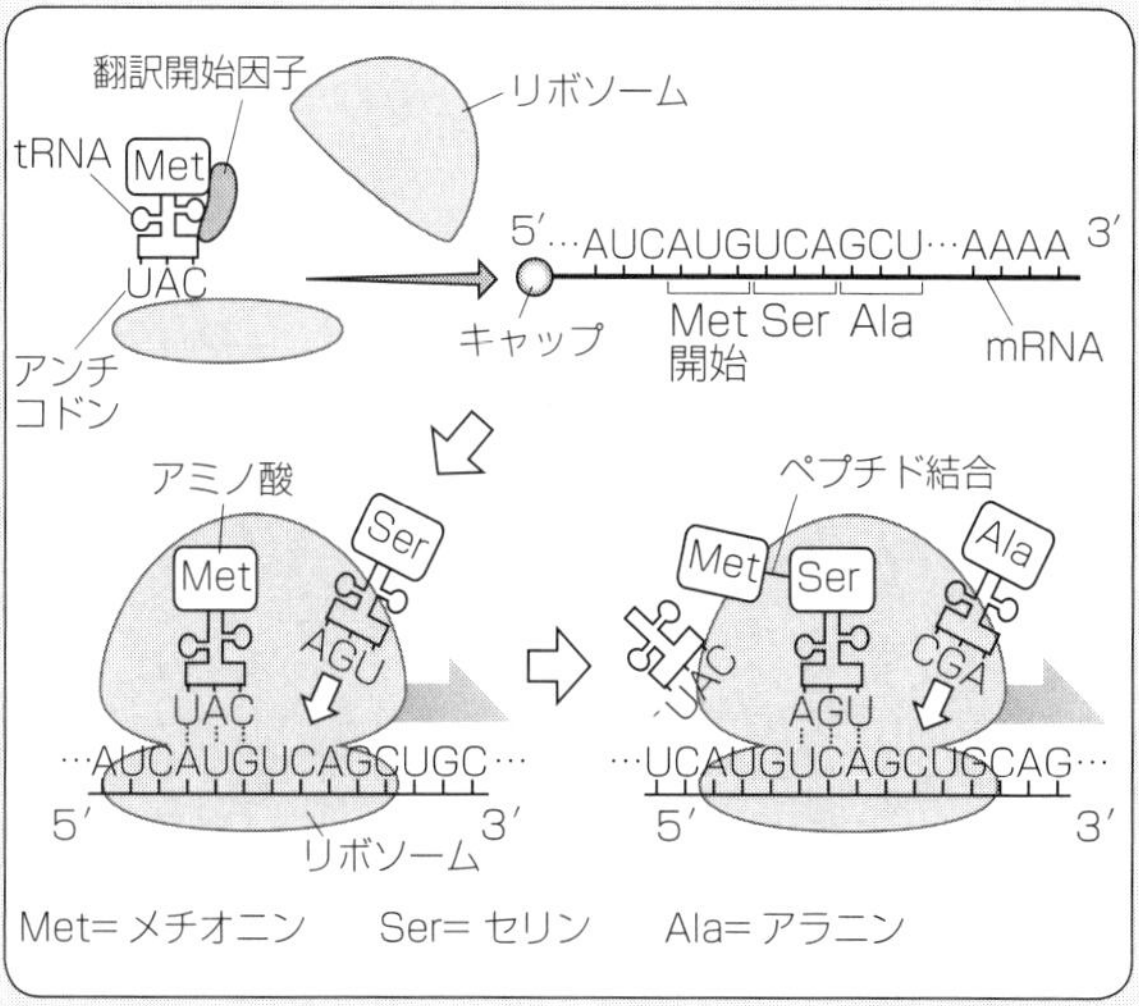

図3.7　翻訳の仕組み

す。丸座布団は、開始コドンのAUGを見つけると止まり、翻訳開始専用tRNAのアンチコドン（UAC）がコドン（AUG）に結合します。すると、翻訳開始因子が丸座布団から離れます。翻訳開始因子の代わりにヘルメットが丸座布団に結合してリボソームが完成し、翻訳反応開始となります（図3・7下左）。

リボソームは、mRNAの3'末端側に向かって少し移動し、こんどは2つ目のコドンUCAに対するアンチコドンを持ったtRNAがUCAに結合します。すると、tRNAの反対側に結合していたセリンがメチオニンとペプチド結合を形成し、メチオニンとセリンがつながります。同時にメチオニンとtRNAとの結合が切れるので、メチオニンを失ったtRNAはリボソームから離れます。セリンと結合したメチオニンは、ヘルメット内に存在するトンネルに入っていきます（図3・7下右）。

続いて、3つ目のコドンGCUに対するアンチコドンを持ったtRNAがGCUに結合します。すると、その反対側に結合していたアラニンがセリンとペプチド結合を形成し、メチオニン-セリン-アラニンとつながります。それと同時に、セリンとtRNAとの結合が切れるので、セリンを失ったtRNAはリボソームから離れます。メチオニンはトンネルのさらに先に進みます。これを繰り返してできた、ポリペプチドと呼ばれるアミノ酸のつながり（ひも）は、リボソームのトンネルを抜けて細胞質へ出て行きます。

リボソームは最後に終止コドンに到達しますが、3つの終止コドン（UAA、UAG、UGA）に対応するtRNAは存在しません。代わりに、終結因子と呼ばれるタンパク質が終止コドンに結合し、水分子（H_2O）が付加されます。そして最後のアミノ酸とtRNAとの結合が切れて翻訳は終了します。

完成したタンパク質（ひも状のポリペプチド）は、リボソームのトンネルを抜け切ります。同時に、翻訳が終わったmRNA、最後のアミノ酸を失ったtRNA、終結因子もリボソームから離れ、mRNAは比較的不安定なので分解されます。また、丸座布団とヘルメットも離れて次の翻訳に備えます。

　アミノ酸を失ったｔＲＮＡには酵素反応によって、再びそれぞれに固有の（決まった）アミノ酸が付加されて再利用されます。この酵素（アミノアシルｔＲＮＡ合成酵素）は、かなり正確な作業をしていることがわかっています。

　ここで面白いことは、タンパク質である終結因子とｔＲＮＡの形がよく似ていることです。擬態という言葉をご存知でしょうか。姿形を似せることです。終結因子とｔＲＮＡは分子レベルで似ているため、分子擬態と呼ばれています。しかし、終結因子はどうやってｔＲＮＡの形に似たのでしょう。ｔＲＮＡに似た終結因子を獲得できた生物が生き残ったから、といえばそれまでですが、私には不思議でなりません。

第4章

細胞から細胞内小器官へ

この章では、生物の基本単位である細胞の中を覗いてみましょう。細胞は、その内部の様子から、原核細胞と真核細胞に大別されます。1個の細胞からできている生物を単細胞生物とひとくくりにして呼びますが、大腸菌は原核細胞であり、酵母は真核細胞です。

一方、ヒトを含めて多細胞生物の細胞はどれも真核細胞です。ですから、大腸菌より酵母のほうがヒトの細胞にずっと近いことになります。第5章で解説するオートファジーや第6、7章で解説する小胞体ストレス応答も、酵母を用いて研究が進み、その成果がヒトでの仕組みの解明に大きく貢献しました。

核

原核細胞の内部には仕切りが存在せず、DNAを含めていろいろなものが混在しています（図4・1右）。これに対し、真核細胞ではDNAが「核」と呼ばれる、油性の膜（脂質二重層）で囲まれた区画に収納されています。真核細胞の場合、原核細胞と比べて直径が10倍、体積が1000倍ほど大きくなり、かつ運動量も多くなりました。原核細胞のようにDNAをむき出しの状態にしておくと、運動の際に傷ついてしまうので、核という区画を作って収納したのだろうと考えられています（図4・1左）。

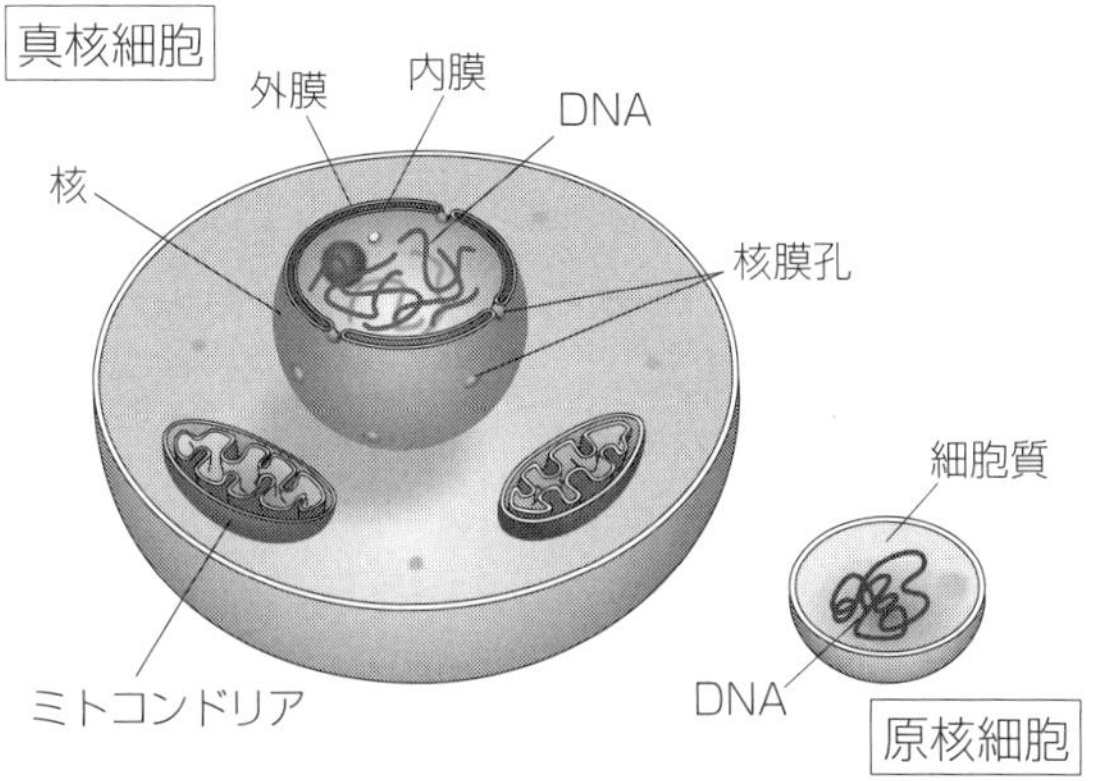

図4.1　真核細胞と原核細胞

油性の膜で囲まれた細胞内の区画のことを、英語ではオルガネラ（organelle）と呼びます。オルガネラは教科書では「細胞小器官」と訳されています。ですが、動物の器官＝臓器ですから、細胞小器官というと、細胞が集まって小さな臓器を作るイメージを持ってしまうのではないか、わかりにくいのではないかと私は常々思っていました。そこで本書ではオルガネラの訳として「細胞内小器官」を使います。細胞内の小さな臓器です。細胞を自分の体と思えば、その中にいろんな臓器があって役割分担しているイメージが鮮明に出てくると思うからです。本書をきっかけに「細胞内小器官」が普及することを願っています。

核は外膜と内膜という二重の膜（それぞれが脂質二重層）で囲まれています。この核膜と呼ばれる二重膜は、ともに細胞膜が由来だろうと考えられてい

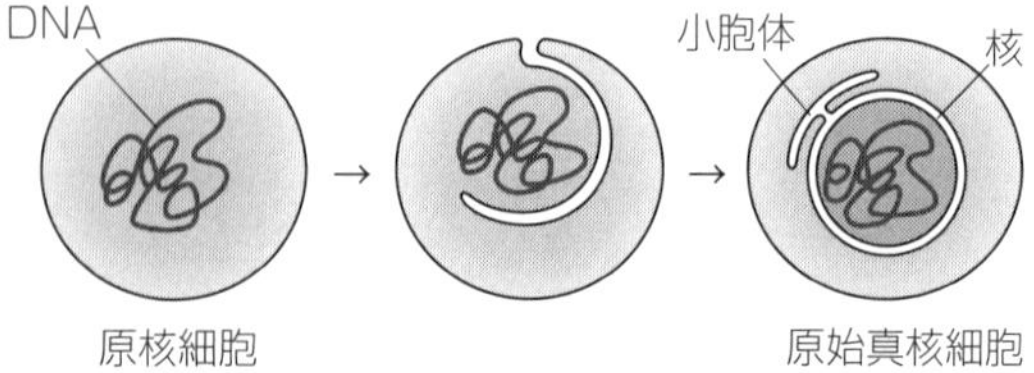

図4.2 核膜が二重膜である理由

ます。細胞膜が細胞内部にヘアピン状に落ち込んでDNAをぐるりと取り囲み、その二重膜の外膜同士、内膜同士がくっついて細胞膜から離れ、核ができた、というわけです（図4・2）。

真核細胞では、転写（DNA→mRNA）は核内で、翻訳（mRNA→タンパク質）は細胞質で行われます。第3章で説明した転写因子というタンパク質は、細胞質のリボソームで合成されてから核内へ移動（生命科学の世界では「移行」という言い方をします）します。このようにmRNAやタンパク質などの物質が、核と細胞質を行き来しているのです。そのため、核には核膜孔《こう》と呼ばれるかなり大きな穴が3000〜4000個程あいています（図4・1参照）。穴ぼこだらけの膜ですから、けっこうゆるやかな区切りですね。

ミトコンドリア

核以外に、細胞内にはどんな細胞内小器官が存在するのでしょうか。ここからは、ヒトを含む動物の細胞に的を絞って見ていきます。

動物の細胞を光学顕微鏡で覗いてすぐに認識できるのは、核とミトコンドリアです。そのため、ゆとり世代の教科書では、細胞は「桃」のように描かれており、真ん中に種のように核が鎮座し、そのまわりにピーナッツみたいなミトコンドリアが浮かんでいました。

ミトコンドリアも二重の膜で囲まれています。ミトコンドリアが二重の膜で囲まれているのはなぜか、この謎を解くには真核細胞が誕生したときにまで遡らなければなりません。

生物が誕生したのは約38億年前と考えられていますが、その頃の地球には酸素はありませんでした。そのため原始生物は、酸素を使わずに（嫌気性といいます）、無機物（炭素を含まない化合物）を分解してエネルギーを得ていた単純な細菌（単細胞原核生物）であったと考えられています。約27億年前に、光合成を行うシアノバクテリアという藍色の細菌が誕生すると、地球上に酸素が増えました。光合成とは、光のエネルギーを使って水と二酸化炭素から糖質を合成することですが、その際に酸素が発生するからです。

約20億年前には、大気に含まれる酸素の量が１％くらいになったそうです。すると、酸素を使ってエネルギーを作る好気性細菌が誕生しました。やがて、一重の膜で囲まれた好気性細菌が、嫌気性の原始真核細胞の細胞膜で包み込まれるように取り込まれ、共生を始めたと考えられています（図４・３）。好気性細菌が、酸素を使ってエネルギーを作って原始真核細胞に与えだしたのです。後述しますが、酸素を使うほうが効率よくエネルギーを作り出せます。

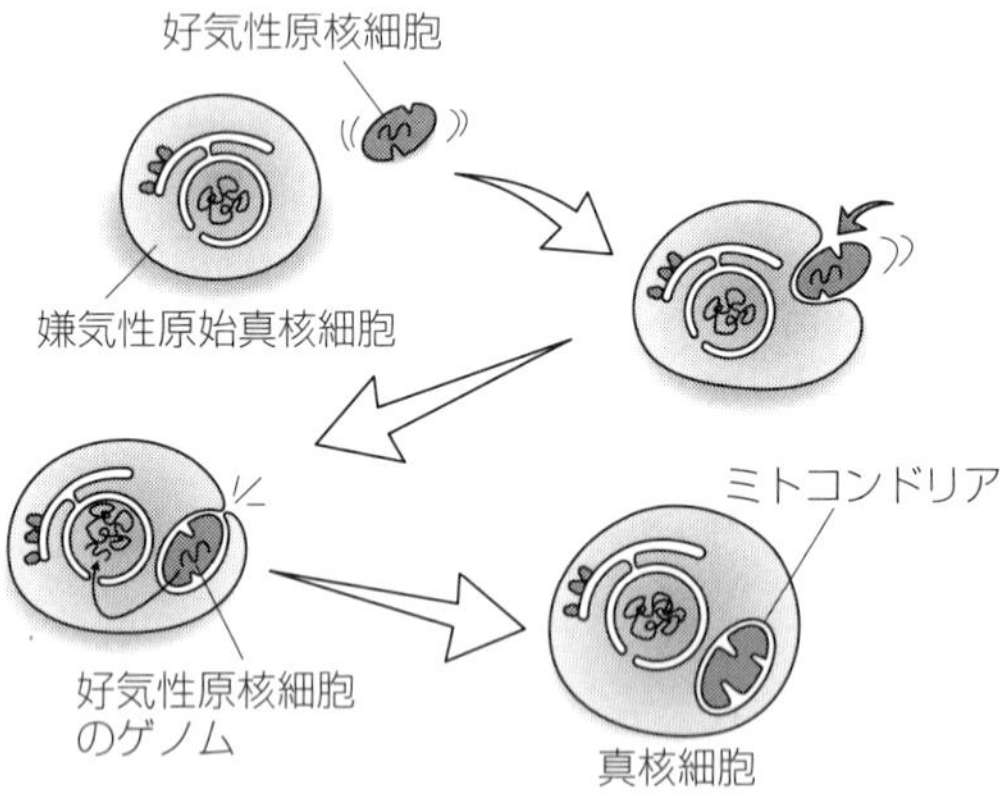

図4.3 ミトコンドリア細胞内共生説

共生を始めた頃の好気性細菌は、独自のゲノムを持っていました。しかしやがて、宿主にエネルギーを与えるかわりに、ほとんどのＤＮＡを宿主（原始真核細胞）核内のゲノムの中に送り込んでしまいました。自分で転写や翻訳を行うことをサボって、宿主が作ってくれたタンパク質を取り込んで生活するようになったのです。お互いにメリットのある共生です。

こうして、好気性細菌はミトコンドリアという細胞内小器官となり、原始真核細胞は真核細胞へと進化しました。ミトコンドリアは、このような経緯から二重の膜で囲まれています（図４・３）。

こうした「ミトコンドリア細胞内共生説」を裏づける証拠として、今でもミトコンドリアが、わずかながらも独自のＤＮＡを持っていることがあげられます。といっても、ヒトの場合ほんの１万７０００

塩基対ほどですが、いくつかのタンパク質、rRNA、tRNAがミトコンドリアのDNAによって暗号化されています。これらの遺伝子（rRNAとtRNAはもちろんタンパク質を暗号化していないのですが、例外的に遺伝子と呼びます）を転写し、翻訳する装置も核内のゲノムに暗号化されており、核内での転写と細胞質での翻訳によって合成されたものを取り込んで使用しています。

現在、ミトコンドリアは真核細胞の支配下にあるように見えますが、細胞が自殺するアポトーシス（第2章の線虫のところで出てきましたね）の際には、ミトコンドリアが決定的な役割を果たします。ミトコンドリア内部には、チトクロームcというタンパク質が存在し、電子伝達系（次項で解説します）で電子を受け渡すという重要な役割をしています。しかし、このチトクロームcは、細胞がアポトーシスの命令を受けると細胞質に放出され、このことが、細胞死を実行する引き金になります。

ミトコンドリアは真核細胞に従属しているように見えて、じつは細胞の生死を決められるほどの権利を握っているのです。「ミトコンドリア、恐るべし」です。

ミトコンドリアがエネルギーを作る仕組み

細胞のエネルギー通貨はATP《エーティピー》です。RNAの構成成分であるアデニン（A）のリボースの5'

炭素にリン酸が3つ続けて共有結合しています（ATPのTは、3つを表すtriの略号です）。このいちばん外側のリン酸が加水分解（第5章で説明します）されて、リン酸2つのADP《エーディピー》（Dは2つを表すdiの略号です）に変換されるときに、エネルギーが取り出されるのです。

ミトコンドリアが、ATPを作り出す仕組みを見てみましょう。細胞にとって最も良い（使いやすい）エネルギー源は、グルコース（ブドウ糖）です。六炭糖（炭素6個を含む糖）であるグルコースは、細胞質で解糖系という一連の酵素反応（10種類の酵素が触媒します）によって、炭素が3つのピルビン酸2個に変換されます。このとき、2分子のATPが消費されますが、4分子のATPが作られますので、差し引き2分子のATPが生じます。これらの反応で酸素が消費されることはありません。

次にこの2個のピルビン酸は、酸素を消費するミトコンドリア内のクエン酸回路と電子伝達系によって二酸化炭素と水に分解されるのですが、その際に、30分子以上のATPができるのです（章末コラム7参照、高校の教科書では36分子となっていますが、この数は間違いで、システムが複雑であるために、こんなきれいな数にはなりません。これ以降は何分子という言い方はやめます）。酸素を使うことによって、とても効率よく（2分子→30分子以上）エネルギーを作り出せるようになったことがわかると思います。

グルコースは、グルコースが多数一列に連なったグリコーゲンという生体高分子として、肝臓や筋肉に蓄えられています。エネルギーが必要になると、蓄えたグリコーゲンを分解してグルコースを取り出し、ＡＴＰを作り出します。

カーボハイドレート・ローディングという言葉をご存知でしょうか。マラソンのような激しい運動をする前には、肉ではなくて、おにぎりやうどん等の炭水化物を主にとる食事法のことです。わりと簡単にＡＴＰを作り出すことができるグリコーゲンを、体内に貯め込んでおくわけです。激しい運動が終わった後には、消耗した筋肉を修復するために、アミノ酸たっぷりの肉類をしっかり食べます。それでも、マラソンのゴール前などで足がもつれてふらふらしている選手を見たりしますよね。グリコーゲンを使い切ってしまったのでしょう。とくに脳ではエネルギー源としてグルコースしか使えないので、脳が栄養不足になったのでしょうね。

ヒトは１日にいったいどれくらいのＡＴＰを使っているのでしょうか。１つの細胞には10^9個（10億個）ものＡＴＰが含まれていて、毎日およそ自分の体重と同じくらいのＡＴＰを合成して消費しているのです。しかも我々は数分間分しかＡＴＰを蓄えられません（それくらい速くＡＴＰを作っては壊し、作っては壊しをしている）。猛毒で知られる青酸カリには、ミトコンドリアの電子伝達系を阻害し（妨げ）、ＡＴＰを作れなくしてしまう作用があります。このため、青酸カリを摂取するとすぐに毒性が現れ、すばやく胃洗浄をしない限り死んでしまうというわけです。

核とミトコンドリア以外にもある区画

では、核の中に遺伝物質であるＤＮＡが収められていて、ミトコンドリアがＡＴＰを供給してくれさえすれば、細胞は生きていけるのでしょうか。

細胞もひとつの社会ですから、そんな単純なはずがありません。細胞が生きていれば、当然ゴミも出てくるはずです。ゴミはどのように処理されているのでしょうか。

こんな疑問に答えを出してくれたのが電子顕微鏡です。アルバート・クロード、クリスチャン・ド・デューヴ、ジョージ・エミル・パレードという3人を中心とした研究者たちが、細胞分画法と電子顕微鏡観察を駆使して、まったく新しい細胞像を示しました。細胞分画法とは、細胞の内容物を遠心分離機にかけ、重さによって細胞内小器官を分ける手法です。

彼らの研究から、細胞内は、核やミトコンドリア以外にも小胞体、ゴルジ体、リソソーム、ペルオキシソームなどのさまざまな細胞内小器官で満たされていることがわかりました（図4・4）。細胞の中のゴミはリソソームで処理されており（第5章で詳しく解説します）、ペルオキシソームにはたくさんの酵素が含まれていて、脂質やアミノ酸などの物質を代謝していました。代謝とは、化合物を分解したり合成したりして生命を維持する活動のことです。小胞体とゴルジ体については、本章でこの後詳しく説明します。なお、ゴルジ体は、１９０６年にノーベル生理

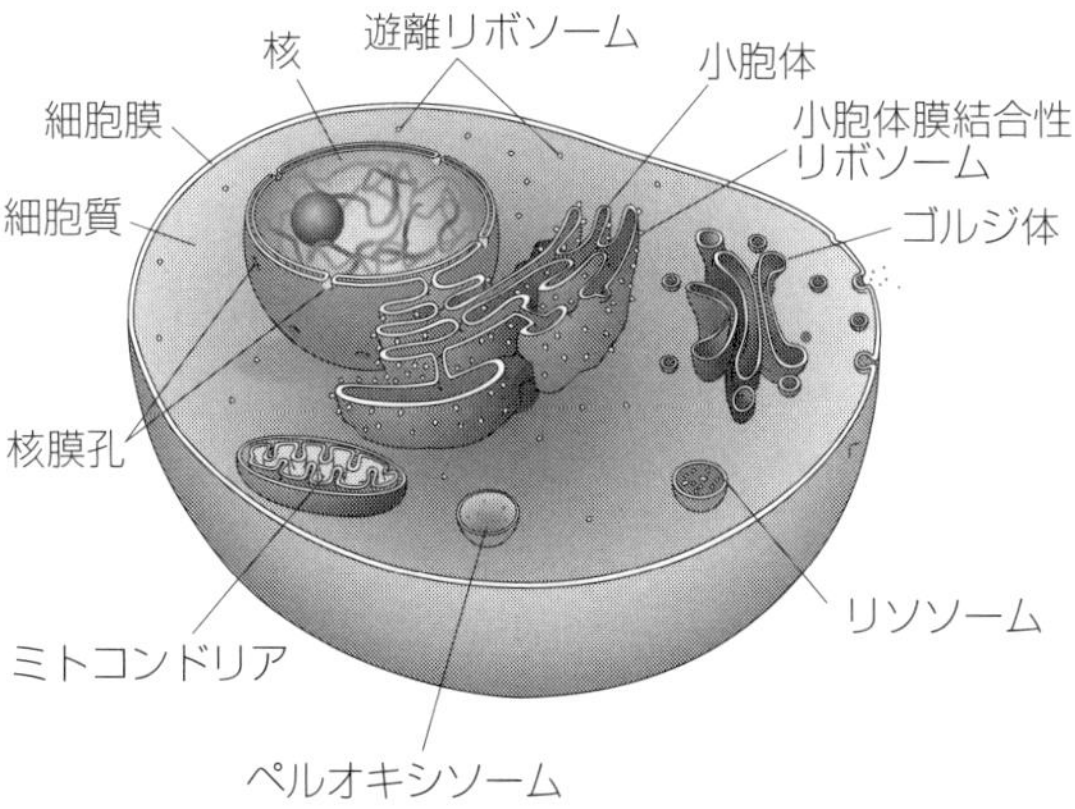

図4.4　**電子顕微鏡で見た真核細胞**

学・医学賞を受賞したカミッロ・ゴルジが1898年に発見したものです。

核とミトコンドリアは二重の膜で囲まれていますが、それら以外の細胞内小器官は一重の膜で囲まれていることもわかりました。小胞体は、核ができたときに一緒にできたので（図4・2参照）、核の外膜と小胞体の膜は連続していて、小胞体の内部がつながった状態で網目状に広がっています。ゴルジ体、リソソーム、ペルオキシソームは、細胞膜がくびれるようにして細胞内に落ち込んでできたと考えられます。細胞膜で行われていた化学反応が効率よく進むように、細胞内小器官として特殊化していったのでしょう。

タンパク質の輸送

これまで、いろんなタンパク質が登場しましたね。図4・4をもとに、これらのタンパク質の存在する場所を見てみましょう。

解糖系の酵素は細胞質に存在しますが、クエン酸回路と電子伝達系の酵素はミトコンドリアに存在します。DNAポリメラーゼ、RNAポリメラーゼ、ヒストンは核内に存在します。インスリンなどのホルモンは細胞外で働きます。インスリンを受け容れて（結合して）、血糖値を下げる指令を出すインスリン受容体は、細胞膜に存在します。さまざまですね。では、すべてのタンパク質がリボソームで作られるとしたら、タンパク質はどのようにしてそれぞれが働く場所に到達することができるのでしょうか。

先にあげたクロード、ド・デューヴ、パレードの3人は、1950～60年代に活躍した、私から見て第1世代の細胞生物学の研究者たちです。この3人の研究により、タンパク質を合成しているリボソームは2種類あることがわかりました。ひとつが、細胞質に単独で存在している「遊離リボソーム」、もうひとつが小胞体の膜の外側に付着した「小胞体膜結合性リボソーム」です。

ただし、最初から2つに分かれているのではありません。すべてのmRNAの翻訳は遊離リボソームで始まります。ところが、インスリンなどのホルモンを作っている遊離リボソームは、小胞体膜結合性リボソームに変身するのです。小胞体膜結合性リボソームで合成されたホルモンは、小胞体の中（内腔《ないくう》と呼びます）に入り、その後、3層のゴルジ体を通って、細胞外に出る（分泌《ぶんぴ》されるといいます）ことが明らかになりました。この小胞体→ゴルジ体→細胞外の道筋を

「分泌経路」と呼びます（図4・5下左）。クロードら3人には、1974年にノーベル生理学・医学賞が授けられています。

　では、ホルモンを合成している遊離リボソームは、どのような仕組みで小胞体膜結合性リボソームに変身するのでしょうか。この問題に1970年代から挑み、謎解きに成功したのが、ギュンター・ブローベルを中心とした第2世代の細胞生物学の研究者たちです。

　ホルモンのアミノ酸配列には、当然ですがホルモンとして機能する（働く）ための情報が完全に含まれています。これを機能配列と呼びましょう。しかしそれ以外に、ホルモンを合成している遊離リボソームを小胞体膜結合性リボソームへと変身させるためのアミノ酸配列が存在することが、ブローベルによって発見されたのです。タンパク質の機能とは無関係なこのアミノ酸配列のことを、「シグナル（合図）配列」と呼びます。タンパク質はそれが持っているシグナル配列（荷札ととらえてください）にしたがって、それぞれの働く場所に運ばれるのではないかと提案されました（提唱するという言い方をします）。これはシグナル仮説と名づけられ、間違いがないか徹底的な検証がなされました。

　その結果、分泌経路（小胞体、ゴルジ体、細胞外、細胞膜、さらにリソソームも含まれます）へ輸送される場合だけでなく、基本的にすべての細胞内小器官に関してシグナル仮説が成立することが明らかになりました。つまり、それぞれに固有のシグナル配列＝荷札が存在することがわかったのです。シグナル仮説を最初に提唱したブローベルは、1999年にノーベル生理学・医学賞を単独で受賞しました。

第3章で、ある遺伝子によって暗号化されているタンパク質がどこで、つまり「どこの細胞で」発現するかという情報は、遺伝子の外のプロモーター領域に書き込まれていることを解説しました。しかし、ここで説明しているのは、タンパク質が「細胞内のどこで」働くかという情報は、遺伝子内のアミノ酸配列としてゲノムに書き込まれているということです。2つを厳密に区別してください。

小胞体行きシグナル配列

細胞内でのタンパク質の行き先は、シグナル配列によって決まることがわかりました。しかし、シグナル配列はたんなる荷札ですから、荷札を読み取って運搬するものも必要です。実際に、それぞれのシグナル配列を見分けて（識別して）結合するタンパク質が存在し、シグナル配列のついたタンパク質を行き先（目的地）へと輸送してくれます（図4・5）。

まず、小胞体行きの場合で説明しましょう。細胞質で働くタンパク質を暗号化しているmRNAであろうと、細胞外に分泌されるホルモンを暗号化しているmRNAであろうと、すべてのmRNAは遊離リボソームで翻訳され始めます。

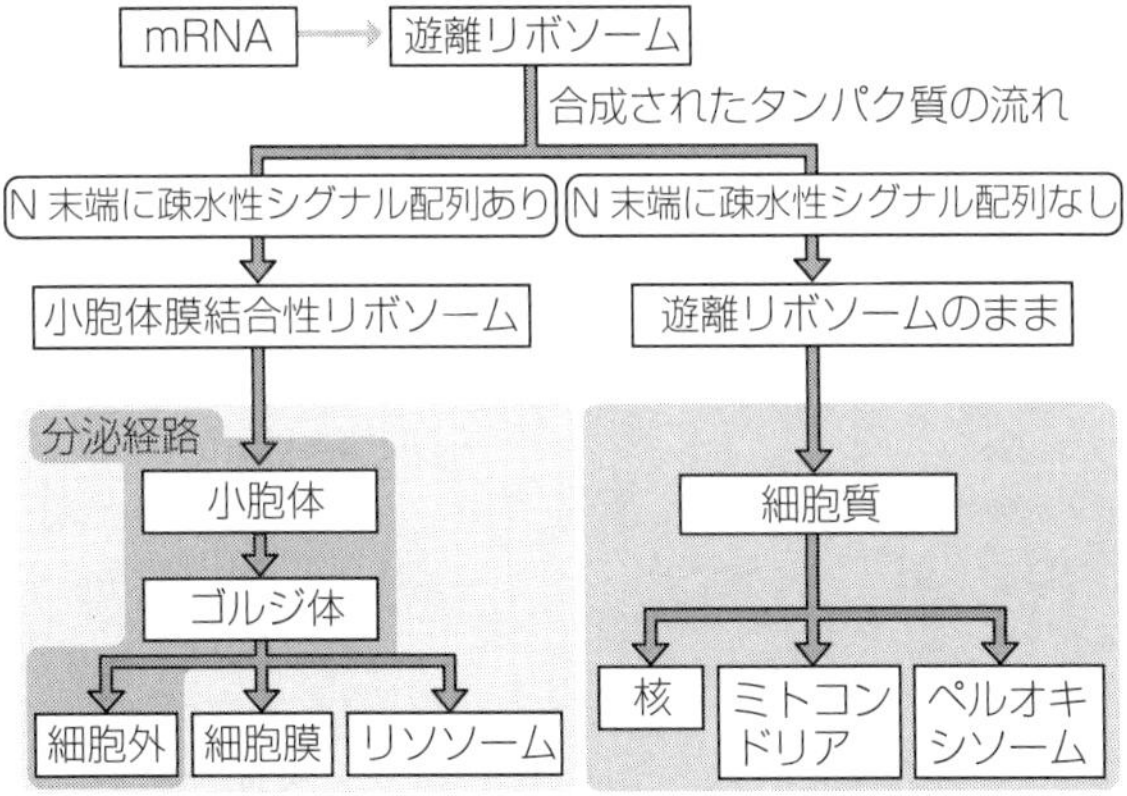

図4.5　細胞内でのタンパク質の行き先

シグナル配列をまったく持っていないタンパク質の場合、遊離リボソームで合成されて、翻訳が終了するとともに細胞質に放出され、そのタンパク質は細胞質に存在して機能します。細胞生物学では、限られた場所に存在することを「局在《きょくざい》する」という言い方をします。逆に言うと、細胞質に局在するタンパク質のアミノ酸配列は、そのタンパク質の機能に関する配列のみです。つまり、細胞内のどこで働くか、という情報を持っていません。

一方、細胞外に分泌されるホルモンの場合、その機能配列のN末端側に、疎水性（水になじまない）のアミノ酸が連続して8個程度存在し、これが遊離リボソームを小胞体膜結合性リボソームへと変身させる小胞体行きシグナル配列となります。

図4・6を見ながら説明しましょう。シグナル配列がまず翻訳されて、リボソームのトンネルから出

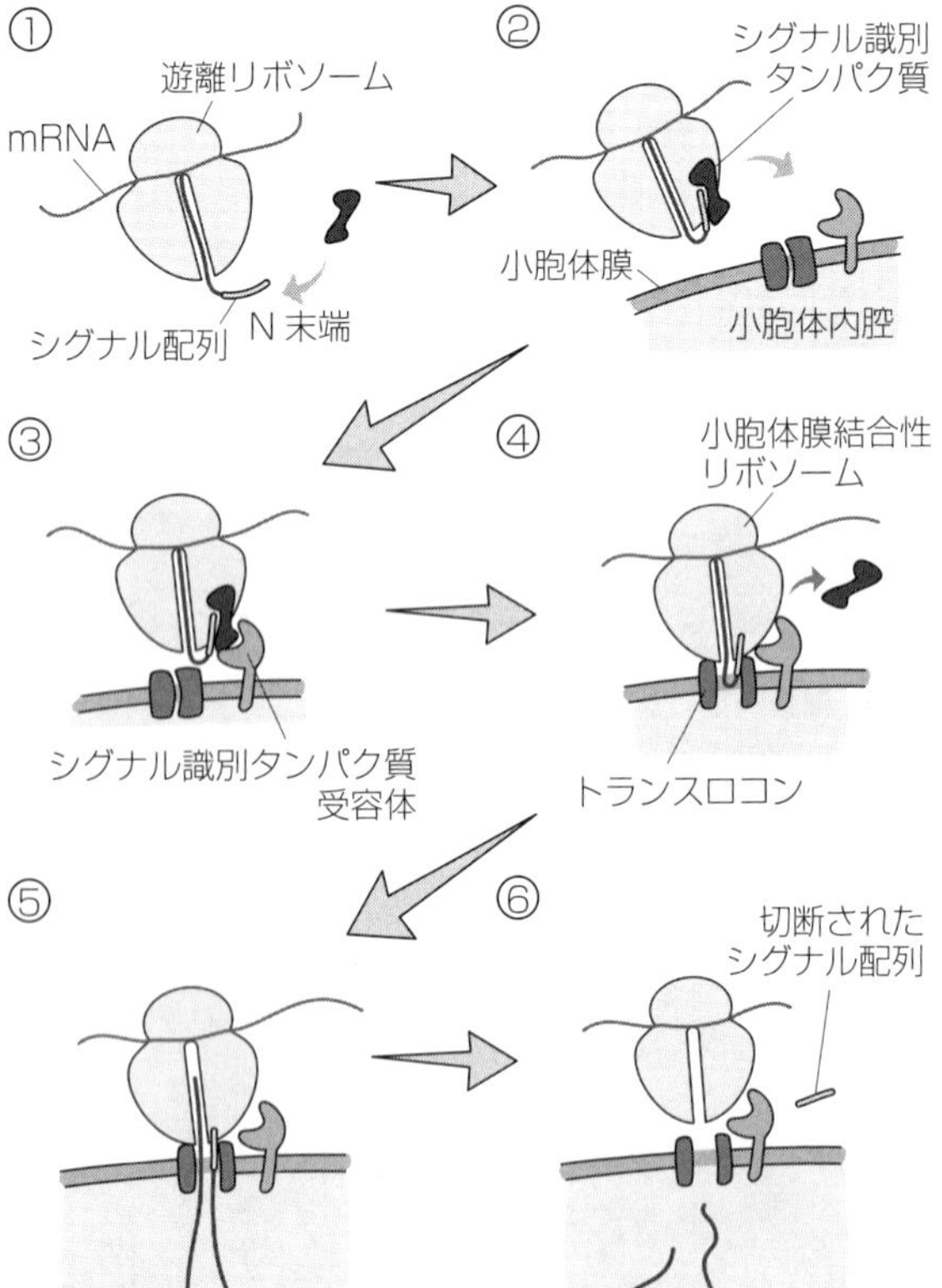

図4.6 小胞体膜結合性リボソームでのタンパク質合成

てきます（①）。

するると、細胞質で待ちかまえていたシグナル識別タンパク質が、このシグナル配列をめざとく見つけて結合します（②）。

結合するとトンネルにふたをする恰好になって、その後の翻訳が一時停止します。その間に遊離リボソームとシグナル識別タンパク質との複合体（合体物）は、細胞質内を分子が不規則に運動するブラウン運動で動き回ります。動き回るうちに、シグナル識別タンパク質が、小胞体膜上に存在するシグナル識別タンパク質受容体と出会って結合します（③）。この結果、遊離リボソームが小胞体膜結合性リボソームに変身するのです。

リボソームのトンネルは、小胞体膜にあるトランスロコンというタンパク質でできた狭い穴とドッキングします。このドッキングによって、シグナル識別タンパク質はリボソームから離れ、翻訳が再開します（④）。リボソームから出てきたひも状のタンパク質が、小胞体内にするすると送り込まれていきます（⑤）。

翻訳されたタンパク質がすべて小胞体内に送り込まれると、シグナル配列が切断されます（⑥）。こうして、ホルモンが小胞体の中（内腔）にすっぽりと入り、ここで立体的な形（立体構造）をとります（第5章で解説します）。そのあと、どのようにしてゴルジ体を通って、細胞外に分泌されるか、については後で詳しく解説します。

ミトコンドリア行きと核行きシグナル配列

ミトコンドリアのクエン酸回路などで働くタンパク質の場合、機能配列のN末端に両親媒性《りょうしんばいせい》のアミノ酸配列が存在し、これがそのタンパク質をミトコンドリアへと導くミトコンドリア行きシグナル配列となります。両親媒性とは、タンパク質内のある領域がαヘリックス（図2・1参照）を形成したときに、片側に親水性（水になじむ）のアミノ酸が並び、その反対側に疎水性のアミノ酸が並ぶことです。

核内で働く転写因子やヒストンなどの場合、機能配列の内部に、プラスの電荷を持つ塩基性のアミノ酸が5個程度まとまって存在し、これがそのタンパク質を核へと導く核行きシグナル配列となります。その際、塩基性アミノ酸が連続している必要はなく、立体構造をとったときにタンパク質の表面で塩基性アミノ酸が5個程度まとまって存在していてもよいようです。

これらミトコンドリア行きや核行きのシグナル配列は疎水性ではないので、リボソームのトンネルから出てきてもシグナル識別タンパク質は見過ごします。その結果、細胞質に局在するタンパク質と同様に、いったんこれらのタンパク質はすべて細胞質に放出されます（図4・5参照）。

核へ行くタンパク質は細胞質で立体構造をとります。形を整えた分子の表面のあるところには、5個程度の塩基性アミノ酸がまとまって存在しています。それをインポーチンと呼ばれる細胞質の受容体がめざとく見つけ、結合して核の中へタンパク質を連れていきます。核にある核膜孔はかなり大きいので、核へ行くタンパク質が立体構造をとっていたり、インポーチンと結合したりしていても、問題なく通過することができます。

ミトコンドリア行きのシグナル配列を持ったタンパク質は、ブラウン運動によって細胞質を動き回ります。このシグナル配列が両親媒性であることに対応して、ミトコンドリア外膜には、親水性のアミノ酸の並びを認識する「トム22」という受容体と、疎水性のアミノ酸の並びを認識する「トム20」という受容体が存在します。ミトコンドリア行きシグナル配列がこの2つによって両側から捕まえられると、「トム40」というタンパク質でできた狭い穴を通ってミトコンドリアの中にタンパク質が入っていきます。

細胞質を動き回っているときに、ミトコンドリアに行くタンパク質は立体構造をとっていても、とっていなくてもかまいません。トム40の狭い穴を通るときに、タンパク質はひも状にほどかれてしまうからです。

このように、翻訳によって合成されたタンパク質にシグナル配列がついていなければ細胞質に局在し、ついていればそのシグナル配列の情報にしたがって小胞体や核、ミトコンドリアなどの目的の場所に移動します（図4・5参照）。そのため、タンパク質はけっして迷子になることはないのです。

シグナル配列の運命

小胞体行きシグナル配列とミトコンドリア行きシグナル配列は、そのタンパク質の輸送が終われば、切り取られます。そのため、このようなシグナル配列は切り取られやすいように機能配列のN末端側にあるのです。機能配列のC末端側でもよいではないかと思われるかもしれませんが、タンパク質はN末端側から合成されることを思い出してください。すでに解説したように、リボソームのトンネルから最初にシグナル配列が現れたほうが都合がよいのです。

一方、核行きシグナル配列は機能配列の内部に潜り込んでいて、核への輸送が終わっても切り取られません。細胞分裂の際に核のみが崩壊して、内容物が細胞質へ放出されるのですが、2つの娘細胞が誕生すると再び核が現れることと関連しています。もし、核に輸送された後で核行きシグナル配列が切り取られてしまうと、そのタンパク質は細胞分裂後、再び核内に戻ることができなくなってしまいます。

1日に約1回起こる細胞分裂のたびに、すべての核内タンパク質を核行きシグナル配列がついた形で作り直すのは無駄なので、細胞分裂後も細胞質から核内に戻ることができるよう、核行きシグナル配列は切り取られません。これに対し、小胞体やミトコンドリアは、細胞分裂の際に崩壊せずに娘細胞に分配されるので、シグナル配列が切り取られても大丈夫なのです。うまくできていますよね。

細胞内小器官を光らせて見る

核とミトコンドリア以外の細胞内小器官は、光学顕微鏡では見えないと解説しましたが、現在では光学顕微鏡よりちょっと上等な蛍光顕微鏡を使えば、電子顕微鏡を使わなくても、細胞内小器官を見ることができるようになりました。細胞の研究に革命をもたらした緑色蛍光タンパク質（英語名 green fluorescent protein の略称でＧＦＰと呼びます）が発見され、その遺伝子を活用することができるようになったからです。

ＧＦＰの発見者は、下村脩です。オワンクラゲがなぜ海中で光るのか知りたくて、25万匹ものオワンクラゲを網ですくい上げ、その中からイクオリンとＧＦＰという2つの発光タンパク質を発見しました。１９６２年のことです。イクオリンがカルシウム（Ca）と結合すると光るのに対して、ＧＦＰはレーザー光を当てるだけで緑色に光りました。

ＧＦＰを暗号化している遺伝子を細胞内に入れる（遺伝子導入といいます）と、細胞内で転写・翻訳され、ＧＦＰが合成されます。ＧＦＰにはシグナル配列は存在しませんから、細胞質に局在します。この細胞にレーザー光を当てると（細胞にダメージを与えるような強さの光ではありません）、細胞質全体が緑に光ります。

ＧＦＰに小胞体行きシグナル配列、ミトコンドリア行きシグナル配列、核行きシグナル配列をつけると、前述の仕組みを使って、それぞれ小胞体、ミトコンドリア、核にＧＦＰが入っていき、レーザー光を当てると、それぞれ小胞体、ミトコンドリア、核が緑色に光ります。現在では、ＧＦＰの改変体がいくつも作製され、さらに新しい蛍光タンパク質が発見されました。おかげで、異なる波長のレーザー光を当てることによって、緑色だけでなく、青色、赤色など、さまざまな色で光らせることができるようになりました。１つの細胞内で、小胞体は緑色、ミトコンドリアは青色、核は赤色と、別の色で光らせることもできます。

また、遺伝子組換えによって、ＧＦＰ遺伝子を別のタンパク質を暗号化している遺伝子と直列につないで細胞内に遺伝子導入することによって、そのタンパク質がいつ、どこで、どれくらい存在するか調べる（光らせて見る）こともできるのです。ライブ・イメージングという画期的な技術です。

それまでは、タンパク質が細胞内のどこに局在しているか調べるためには、固定といって、細胞を殺して動かないようにした後で煩雑な操作をしていたのですから、隔世の感があります。今では、ＧＦＰを使わない細胞の研究者はいないと言い切れるほど、広く普及しています。

ところで、遺伝子導入というと難しい操作のように聞こえますが、ＤＮＡの場合、試薬を使うと意外と簡単に入れることができます。一方、タンパク質を細胞内に入れることは難しい。したがって、GFPというタンパク質の発見だけでは新技術開発には不十分で、GFP遺伝子の発見が重要となります。マーティン・チャルフィーは、1994年にGFP遺伝子を使って線虫を初めて緑色に光らせることに成功しました。ロジャー・チェンは、GFPが光る仕組みを解明して、いろいろな色（シアン、青、黄）に光る改変体GFPを開発しました。下村、チャルフィー、チェンに2008年のノーベル化学賞が授与されています。

意外なことに、GFP遺伝子を発見した（クローニングしたという言い方をします）のは、チャルフィーではありません。1992年にまったく別の研究者がクローニングしたのですが、その研究者はGFP遺伝子がライブ・イメージングに使えることに気がつかなかったのです。チャルフィーはその研究者からGFP遺伝子をもらって実験に使いました。ノーベル賞に直結する遺伝子がまさに「宝の持ち腐れ」だったとはなんとももったいない話ですが、研究における着眼点の重要性を明瞭に物語っています。その研究者はノーベル賞晩餐会には招待されたと聞いています。

小胞輸送

続いて、小胞体内腔に入ってきたタンパク質が、分泌経路（前出図4・5参照）を移動する手段を見ていきましょう。先ほど説明した、核やミトコンドリアへタンパク質を輸送する仕組みとは大きく異なります。この謎に1980年代から挑んで答えを出したのが、ランディ・シェクマンとジェームズ・ロスマンを筆頭とする、第3世代の細胞生物学の研究者たちです。

ゴルジ体やリソソームで働くタンパク質、細胞膜に埋め込まれているタンパク質、ホルモンのように細胞の外に分泌されるタンパク質は、いずれも小胞体行きシグナル配列を持っていて、小胞体膜結合性リボソームで作られます。小胞体の内腔で立体構造をとった（第5章で説明します）タンパク質は、こんどは「小胞輸送」という仕組みで次の目的地であるゴルジ体に移動し、そこで仕分けされて、最終目的地であるリソソームか細胞膜、または細胞外へと運ばれます。

なお、小胞体に行くためには絶対に小胞体行きシグナル配列が必要ですが、じつは、分泌経路内のそれ以外の場所へ行くためのシグナル配列は、意外にもあまりはっきりとはわかっていません。現在の研究でも、小胞体行きシグナル配列は疎水性、ミトコンドリア行きシグナル配列は両親媒性というように、最終目的地であるゴルジ体、リソソーム、細胞膜行きのシグナル配列を単純化することはできていません。

分泌経路において、ある細胞内小器官から次の細胞内小器官へと移動する際には、タンパク質は細胞質という海原を泳いで渡るのではなく、フェリーのような乗り物に乗ります。この乗り物が「輸送小胞」です。輸送小胞は、細胞内小器官の表面の膜が伸びてちぎれるようにしてできた、膜で囲まれた袋状のもので、細胞内小器官よりもかなり小さなものです。

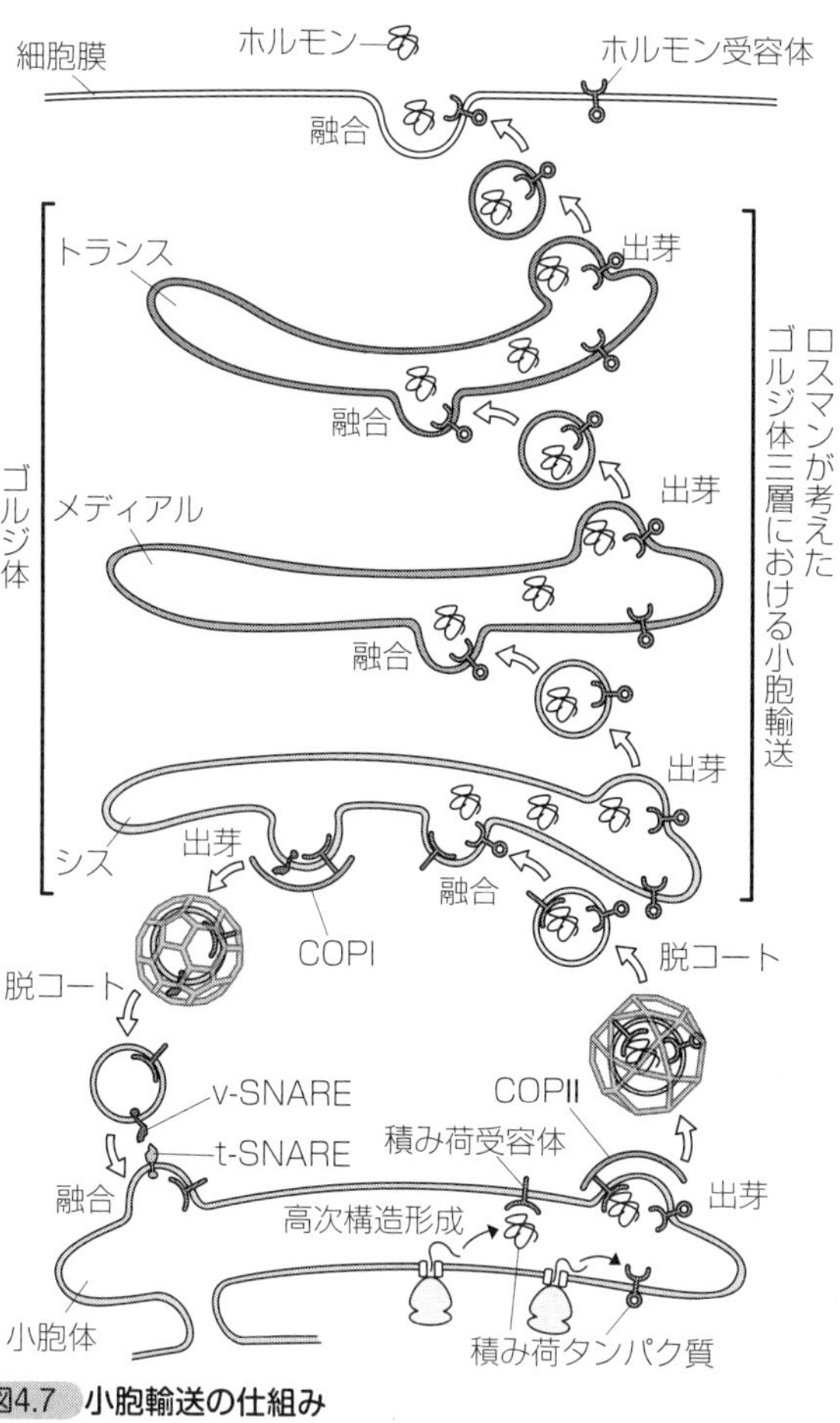

図4.7　**小胞輸送の仕組み**

この図では、1つの細胞がホルモンとその受容体の両方を合成していますが、実際はそれぞれ異なる細胞が合成します。

小胞体からゴルジ体への輸送を例にして説明しましょう（図4・7右下）。輸送小胞がちぎれるとき、小胞体に出口となる穴ができます。輸送小胞の積み荷となるタンパク質は、この出口に移動して輸送小胞の中に取り込まれ、ちぎれて閉じた輸送小胞が港を出ます。このことを出芽するともいいます。

このとき、積み荷受容体と呼ばれる運び屋タンパク質が、積み荷となるタンパク質に結合することによって、積み荷が輸送小胞に積極的に取り込まれるように仕掛けることがあります。しかしながら、運び屋タンパク質の数には限りがあるのに対して、積み荷のほうは全タンパク質（約2万7000種類）の3分の1ほどもあります。そこで、アリ・ヘレニウスは、大部分の積み荷は積極的に輸送小胞の中に取り込まれているのではなく、受動的な輸送で運ばれていると考えています。つまり、小胞体で形を整えて出発準備が完了した積み荷タンパク質が、動き回っているうちに出口に行き着いて、定期的に出港しているフェリーに乗り込むというわけです。

このフェリーのような輸送小胞が細胞質を動いていき、ゴルジ体の近くまでくると、輸送小胞の膜とゴルジ体の膜とが融合して、ゴルジ体の中に積み荷タンパク質が入ります。この出芽と融合の際、狭い穴を通るわけではないので、タンパク質は小胞体でとった立体構造を保ったまま輸送小胞に入り、次いでゴルジ体内に入っていけるのです。

ゴルジ体は、小胞体に近いほうの「シス」、中間の「メディアル」、細胞膜に近いほうの「トランス」という独立した3つの区画からできた3層構造をしています。ロスマンは、このゴルジ体内の移動も小胞輸送であると考えました。シスから輸送小胞が出芽してメディアルと融合し、メディアルから輸送小胞が出芽してトランスと融合することによってタンパク質が移動していくという考えです。（図4・7右上）

最終的に、細胞膜に近いところにあるゴルジ体のトランスから出芽した輸送小胞が細胞膜と融合すると、輸送小胞内に閉じ込められていたインスリンのようなタンパク質は、細胞膜を通過して細胞外に放出（分泌）されます。

インスリン受容体は細胞膜を貫いていて、細胞膜の外側に出ている部分（図4・7、◡で表示）がインスリンと結合すると、細胞膜の内側の部分（♁で表示）の働きによって細胞の中へこの情報を伝えます。このような細胞膜を貫くタンパク質も小胞輸送されます。インスリン受容体が小胞体膜結合性リボソームで合成されると、インスリンと結合する部分は小胞体の中（内腔）に入っています。この部分は、輸送小胞でも中に入っていて、ゴルジ体でも3層それぞれの中に入っています。最終的に輸送小胞が細胞膜と融合すると、インスリンと結合する部分が細胞の外に出て、血液中を流れてくるインスリンを待ち受けます。

小胞輸送の場合、タンパク質は形を保ったままだけでなく、膜のどちら側に向いているかという配向《はいこう》も保たれたまま移動することができ、決して途中で向きがひっくり返ったりすることはありません。よく考えられた仕組みですよね。

逆向きの輸送もある

輸送小胞は「コート（外套《がいとう》）タンパク質」（coat protein、略してCOP）と総称される一群のタンパク質で覆われて出芽します。小胞体からゴルジ体へ向かう輸送小胞はCOPⅡ（コップツー）という一群のタンパク質で覆われています。輸送小胞が目的地のゴルジ体の膜と融合する前に、このコートタンパク質が外れて、膜どうしが接触できるようになります。（図4・7右下）

コートタンパク質の中には、積み荷となるタンパク質と直接結合するものや、積み荷に結合している積み荷受容体（運び屋タンパク質）と結合するものがあり、それらの働きによって、積極的に積み荷を輸送小胞に取り込むことができますし、前述したように、積み荷タンパク質が受動的に取り込まれたりもします。

ところで、運び屋タンパク質を1回の輸送で使い捨てにしていてはもったいないので、運び屋タンパク質はリサイクルされます。したがって、ゴルジ体から小胞体へ向かう逆向きの小胞輸送も行われます。このときの輸送小胞はCOPⅠ（コップワン）という一群のタンパク質で覆われています。COPⅡとCOPⅠではその形がまったく違っているので、簡単に区別することができ、その輸送小胞がどちらへ向かっているかは一目瞭然です（図4・7下のCOPⅡ輸送小胞と

ＣＯＰＩ輸送小胞の形を見比べてください）。

輸送小胞が迷子にならないのは

ゴルジ体のトランスから出芽した輸送小胞は、細胞膜だけでなくリソソームの膜と融合することもあります。では、小胞体とゴルジ体の間も、ゴルジ体の３層間も、ゴルジ体とリソソームの間も、ゴルジ体と細胞膜の間も、すべて小胞輸送で積み荷が運ばれているとしたら、どうして出芽した輸送小胞は迷子にならずに、目的地の膜と融合することができるのでしょうか。ここでもタンパク質どうしの結合が関わっています。

輸送小胞の外側には、その輸送小胞を特定する（目印となっている）ｖ－ＳＮＡＲＥ（ヴイスネア、ｖは小胞を示すvesicleの頭文字）というタンパク質が存在しています。その輸送小胞が到達すべき場所の膜には、ｔ－ＳＮＡＲＥ（ティスネア、ｔは目的地を示すtargetの頭文字）というタンパク質が存在しています。たとえば、ゴルジ体から出た輸送小胞だという目印のｖ－ＳＮＡＲＥが、小胞体に存在するｔ－ＳＮＡＲＥとだけドッキングすることによって、ゴルジ体から出芽した輸送小胞は迷子にならずに小胞体と融合できるのです（図４・７左下）。

細胞内には、微小管《びしょうかん》という細長い繊維状の構造物があります。その上をモータータンパク質が動き回り、細胞内の物質を運搬しています。輸送小胞の多くは、微小管という足場（レール）の上をモータータンパク質の力を借りて動いています。しかし、微小管のレールを薬剤で壊しても、正常に小胞輸送できることがわかっています。輸送小胞はレールの上を動かなくても、ランダムに動き回っているうちに目的地に到達することができる仕組みになっています。

これは、何種類も存在するv－SNAREとt－SNAREが、1対1の関係を保っているからです。ただし、神経細胞のように、細胞から伸びるとても長い軸索《じくさく》内を移動する場合には、微小管でできたレールが必要です。

ゴルジ体での輸送をめぐる論争

第3世代のシェクマンとロスマンが1980年代から先導した小胞輸送研究は、大きな分野として発展しました。1999年に第2世代のブローベルがノーベル生理学・医学賞を受賞したときには、3人での受賞の可能性も考えられていたほどです。しかしそうならなかったのには理由がありました。

前述したように、ロスマンは3層からなるゴルジ体間のタンパク質移動も小胞輸送で行われると考えました。ところが、それに異を唱える人たちが現れて層成熟説《そうせいじゅく》が提唱され、その勢いを増していきました。

ゴルジ体層成熟説とは次のような仮説です。小胞体に近いほうのシスは定期的に作られてい

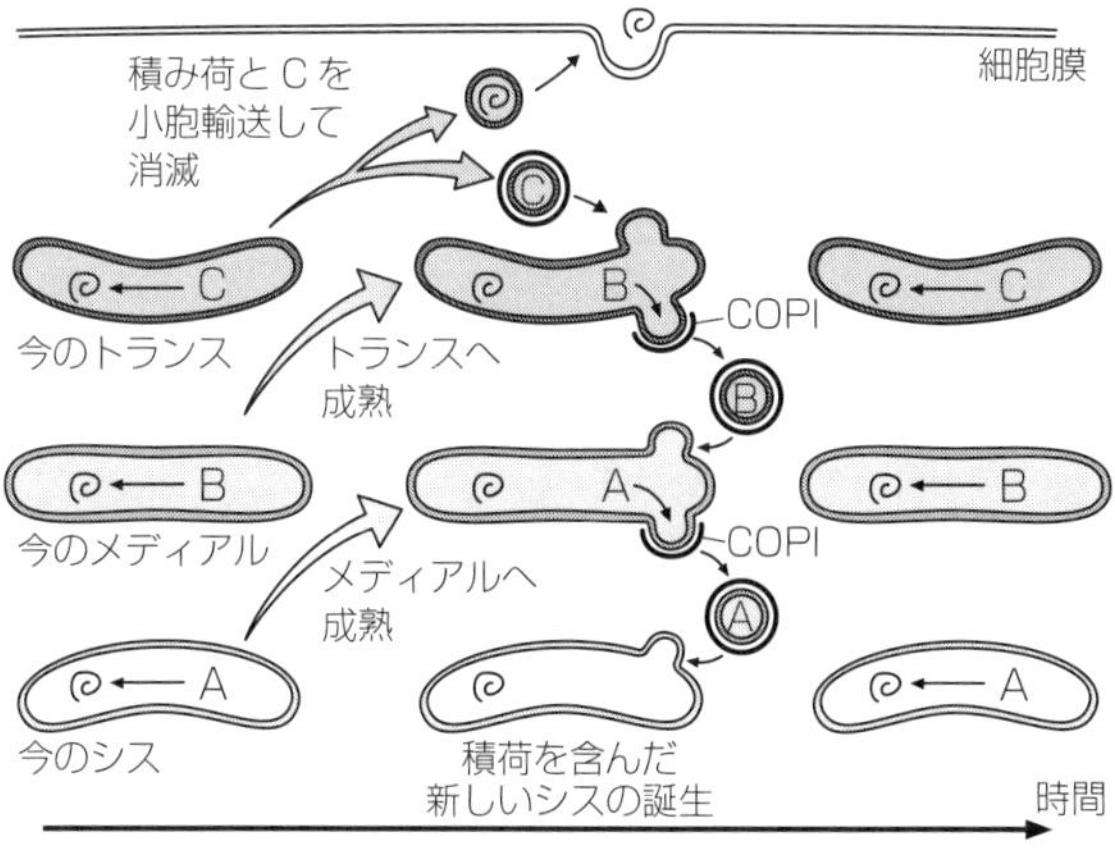

図4.8　層成熟説

て、新しいシスができると、それまでシスだった層が成熟して中間のメディアルになります。すると、それまでメディアルだった層が成熟して細胞膜に近いほうのトランスになります。それまでトランスだった層は消えてなくなる、という動的な考え方です。ロスマンの小胞輸送説では、シス、メディアル、トランスは安定した区画という静的な考えですから、まったく異なります（図４・８）。

激しい論争が繰り広げられたのですが、結局２つの説はコインの裏表であるという結論に落ち着きました（これもちょっと複雑ですから、章末コラム８としました）。こうしてめでたく、２０１３年にシェクマンとロスマンはノーベル生理学・医学賞を受賞しました。彼らはノーベル賞の登竜門とされるラスカー賞を受賞していたのですが、それから11年も経過していました。そこで新鮮味を出すためか、神経伝達機構における小胞輸送の役割を解明して同年にラスカー賞を受賞したばかりのトーマス・スードホフが3人目の受賞者に選ばれています。スードホフはちょっとラッキーだったかもしれませんね。ノーベル賞にはこのように運不運もつきまといます。

コラム 7

ミトコンドリアのクエン酸回路と電子伝達系

ミトコンドリアは二重の膜で囲まれており、外膜と内膜の間の狭い空間は膜間部分、内膜の内側の大きな空間はマトリックスと呼ばれています。内膜は折りたたまれて多数のクリステ（ひだ）を作って表面積を広げ、化学反応が起こりやすくしています。

細胞質の解糖系で作られたピルビン酸は、ミトコンドリアの外膜、膜間部分、内膜を通ってマトリックスに運ばれ、ここでクエン酸回路と呼ばれる一連の酵素反応を受けます。最初のほうの反応によってピルビン酸がクエン酸に変換され、この一連の酵素反応はピルビン酸が供給される限り回り続けますので、クエン酸回路と呼ばれています。一回りする間に、二酸化炭素（CO_2）が生じて体外に排出されるのと同時に、多数の電子（e^-）がいろんな化合物から引き抜かれます。クエン酸回路を発見

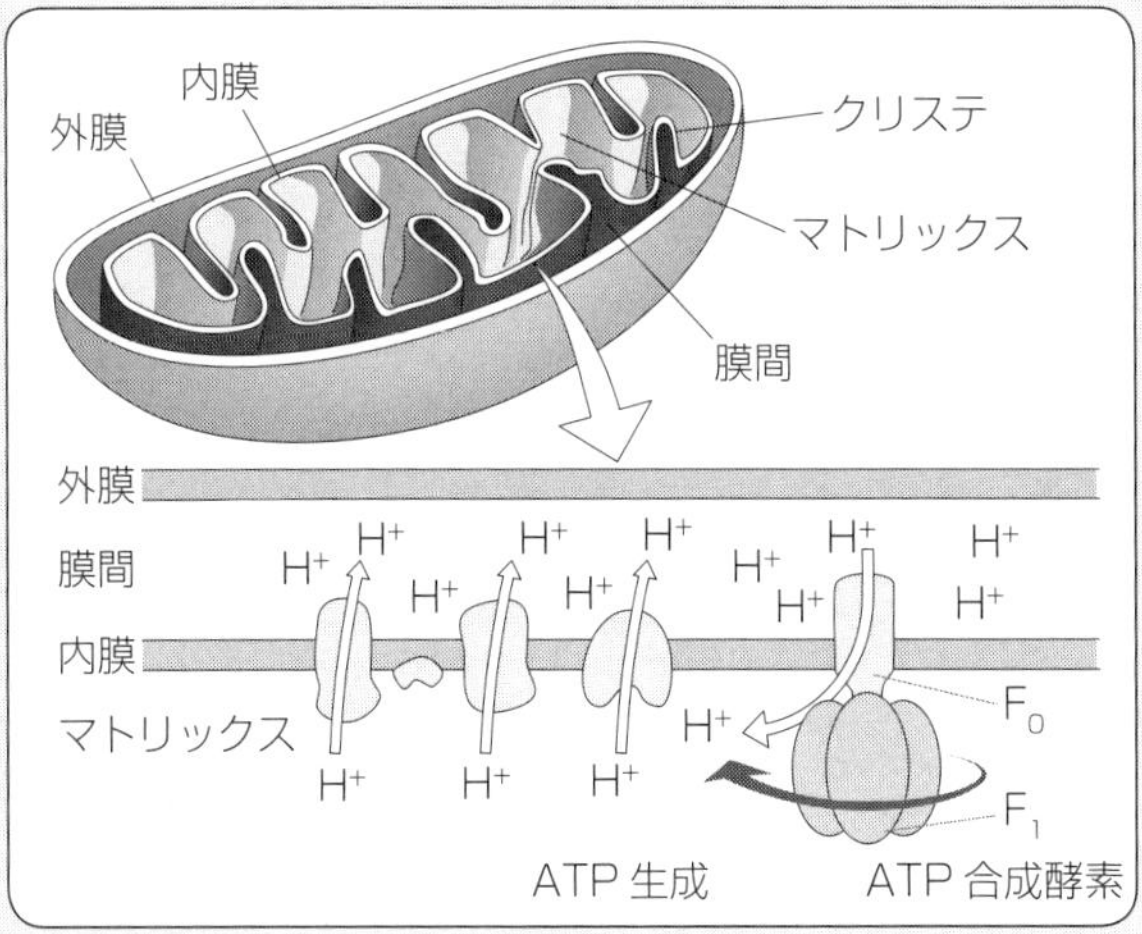

図4.9　ミトコンドリアにおける電子伝達系

したハンス・クレブスは、1953年にノーベル生理学・医学賞を受賞しています。クエン酸回路で生じた多数の電子（e^-）が、内膜を貫く4種類の巨大タンパク質複合体（電子伝達系と呼ばれています）に次々と受け渡され、最終的に酸素（O_2）と結合して水が生じます。

このとき、マトリックス内部に存在するプロトン（H^+）が、巨大タンパク質複合体（上記4種類のうちの3種類）を通って膜間部分に送り出されます。その結果、膜間部分のプロトン（H^+）濃度が、マトリックスのプロトン（H^+）濃度より高いという電気化学勾配《こうばい》ができます。すると、水を落下させることによって水車を回して発電する水力発電の要領で、プロトン（H^+）濃度が高い膜間部分から低いマトリックスにプロトン（H^+）を落下させることによってモーターを回し、ＡＤＰをリン酸化してＡＴＰというエネルギーを作り出すのです（ＡＤＰ＋リン酸→ＡＴＰ＋H_2O、脱水縮合です）。電気化学勾配を発見したピーター・ミッチェルは、１９７８年に単独でノーベル化学賞を受賞しています。

すでに「モーターを回し」と書きましたが、ポール・ボイヤーは、このＡＴＰ合成酵素は回転しながらＡＴＰを合成しているのではないかと提唱しました。しかし当初は、研究者の間であまり信じられていませんでした。

ＡＴＰ合成酵素は、内膜を貫いているFo（エフオー）部分に、マトリックスに突き出ている球状のF_1（エフワン）部分が結合している形状をしています。ジョン・ウォーカーはX線結晶構造解析により、F_1部分の構造を解明しました。その球状の形を見たら、誰しも回転しそうだと思い始めたのですが、実際にＡＴＰ合成酵素が回転することを証明したのは、吉田賢右《まさすけ》と木下一彦《かずひこ》です。１分子観察といって、ガラス板にF_1部分を固定し、その回転子の部分にアクチンという細長いタンパク質をくっつけて実験してみると、野球の応援のときにタオルをくるくる回すように、アクチンがくるくると回るのが見えたのです。

こうしてＡＴＰ合成酵素が世界最小のモーターであることを証明した論文が科学誌「ネイチャー」に１９９７年に掲載され、

その年のノーベル化学賞がボイヤーとウォーカーに授けられました。ノーベル賞受賞者は3人までなので、吉田と木下が加わることができなかったのでしょうね。その代わりに、ナトリウム（Na）-カリウム（K）ポンプを発見したイェンス・スコウが受賞者に加わりました。本当に惜しかったですね。

コラム8　小胞輸送説vs.層成熟説

分泌経路を進むタンパク質は小胞体で立体構造をとるだけでなく、その多くの分子には、決まった形をした糖鎖《とうさ》が共有結合でくっつきます。糖鎖とは、糖がつながりあったもので、この場合はグルコース3個とその類似体11個が3本に枝分かれした形をしています。砂糖が水に溶けやすいように、この糖鎖も親水性で、水で囲まれた分子の表面に出ることができます。表面に出ることによって、複雑な立体構造をとる手助けをします。

ゴルジ体の3層には、それぞれ特徴的な酵素が存在しています。分泌経路に進むタンパク質の中には、小胞体で最終型である完成品になっているタンパク質もありますが、3層のゴルジ体を移動しつつ、不必要なアミノ酸部分が切り取られて最終型になるタンパク質も存在します。

小胞体でタンパク質にくっついた糖鎖は、3層のゴルジ体をタンパク質が移動する間に、さまざまな修飾と呼ばれる加工を受けて変化し、バラエティに富んだ糖鎖を持つタンパク質ができあがります。具体的に説明しましょう。シス、メディアル、トランスにはそれぞれA、B、Cという酵素が存在していて、それぞれは異なった修飾反応を触媒しているとします。

ロスマンの小胞輸送説では、積み荷タンパク質が小胞体から小胞輸送によってシスに到達すると、酵素Aの作用を受けます。ただし、酵素作用を受けないものもあり、受けるかどうかはタンパク質と酵素の相性が関係していて単純ではありません。

次に、その積み荷タンパク質がシスから小胞輸送によってメディアルに到達すると、酵素Bの作用を受けたり受けなかったりします。さらに、その積み荷タンパク質がメディアルから小胞輸送によってトランスに到達すると、酵素Cの作用を受けたり受けなかったりします。

こうして完成型になった積み荷タンパク質は、小胞輸送によって細胞膜あるいはリソソームへ運ばれます。ゴルジ体の3層は固定しているので、それぞれの層で酵素A、B、Cが作用したり、しなかったりして、バラエティに富んだ糖鎖を持つ積み荷タンパク質が完成していきます（図4・7

参照）。

一方、層成熟説を支持する結果はたくさんあったのですが、その説の問題点は、酵素Aを含むシスがメディアルへと層として成熟できても、酵素Aが酵素Bに成熟することはない点です。同様に、酵素Bを含むメディアルがトランスへと層として成熟できても、酵素Bが酵素Cに成熟することはありません。層成熟説では、酵素A、B、Cをどうやって補給しているのでしょうか。

議論の落ち着き先が、両者はコインの裏表であるとする折衷案です（図4・8参照）。基本は層成熟説で、シスは定期的に作られています。そして、積み荷タンパク質は小胞輸送ではなく、層の成熟にともなってシスからメディアルへ、そしてトランスへと移動していきます。一方、酵素A、B、Cは、逆向きの小胞輸送で動いていくのです。この輸送小胞はコートタンパク質COPIで覆われています。

修飾を受けていない積み荷タンパク質を小胞体から受け取った新しいシスができると、酵素Aの作用を受けた積み荷タンパク質と、酵素Aを含むシスだった層が成熟してメディアルになります。すると、このメディアルから酵素Aを含む輸送小胞が出芽して新しいシスと融合し、酵素Aは未修飾の積み荷タンパク質に作用したりしなかったりします。

同様に、酵素Bの作用を受けた積み荷タンパク質と、酵素Bを含むメディアルだった層が成熟してトランスになります。続いて、このトランスから酵素Bを含む輸送小胞が出芽して新しいメディアルと融合し、酵素Aの作用を受けた積み荷タンパク質に酵素Bが作用したりしなかったりします。

新しいトランスに追い出された古いトランスは、酵素Cの作用を受けた積み荷タンパク質と酵素Cを含んでいます。そこから酵素Cを含む輸送小胞が出芽して新しいトランスと融合し、酵素Bの作用を受けた積み荷タンパク質に酵素Cが作用したりしなかったりして修飾が完了します。

古いトランスに含まれていた酵素Cの作用を受けた積み荷タンパク質は、細胞膜かリソソームに向けて小胞輸送され、古いトランスは消えてなくなってしまいます。ちょっと複雑ですが、おわかりいただけたでしょうか。理解できなくても、第5章以降の理解の障害とはなりませんので、ご安心ください。

第5章 タンパク質の形成と分解

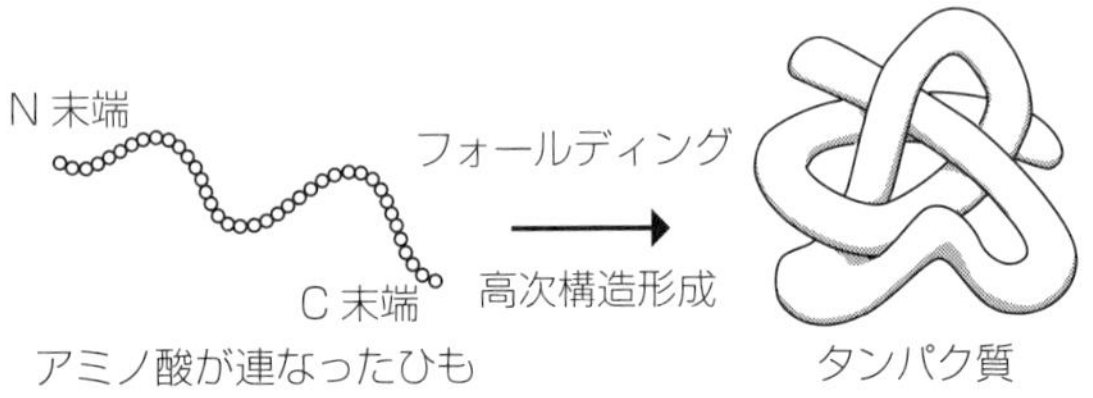

図5.1 ひもから立体へ。タンパク質の高次構造形成

タンパク質を折り畳む

セントラルドグマ（DNA→RNA→タンパク質）にしたがって、リボソームで合成された直後のタンパク質はすべて、多数のアミノ酸がN末端からC末端に向かって一列に並んだ、いわばひものような状態です。しかしながら、私たちは3次元の世界で生きています。タンパク質も、それぞれの役割に適した3次元の立体的な形をとることによってはじめて正しく働くようになります（図5・1）。第2章で出てきた3次構造です。

タンパク質が立体的な形（立体構造）をとることは、難しい言い方をするとタンパク質の「高次構造形成」といいます。折り紙のことを英語ではペーパー・フォールディング（paper folding）といいますが、タンパク質の高次構造形成は、英語ではプロテイン・フォールディング（protein folding）と呼び、タンパク質の折り畳みと訳されます。

第4章の章末コラム7で、ミトコンドリアに存在するATP合成酵

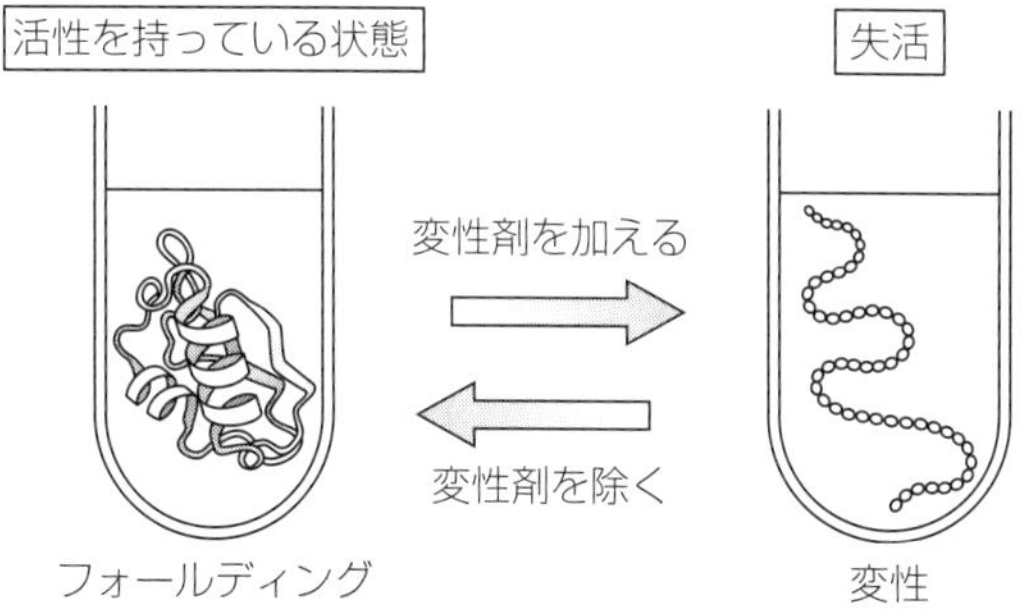

図5.2　アンフィンゼンの実験

素は回転しながらATPを合成していると解説しました。そこで、コマを回すときのことを想像してみてください。少しでも軸が傾くと、すぐにコマの回転は止まってしまいますよね。このことは、タンパク質の高次構造の重要性を如実に物語っています。つまり、ATP合成酵素が精緻に作られていないと、軸の傾いたコマと同じようにすぐに止まってしまい、私たちはエネルギーを作り出すことができなくなってしまいます。

では、タンパク質はどのようにして折り畳まれるのでしょうか。図５・２は、クリスチャン・アンフィンゼンが行った有名な実験です。

実験ではまず、ウシの膵臓からリボヌクレアーゼというRNAを加水分解する酵素を精製（純品にすること）しました。このあと、「加水分解」という言葉が何度も出てきますが、文字通り水（H_2O）を加えて共有結合を切り離す反応を指します。タンパク質や核酸などの生体高分子は、それぞれに特有の加水分解酵素によって最小構成単位（タンパク質ならアミノ酸、核酸ならヌクレオチド）に戻されます。重要なことはその分解の際に、ＡＴＰのエネルギーが不要だということです（章末コラム9で詳しく解説します）。

アンフィンゼンの実験に戻ります。上手に精製すれば、活性を持った酵素リボヌクレアーゼを不純物のない純品の水溶液状態で試験管内に入れておくことができます。当然ながら、この酵素の入った試験管にＲＮＡを投入すると、ＲＮＡは加水分解されます。

アンフィンゼンは、この試験管内に尿素などのタンパク質変性剤を投入しました。変性剤によってリボヌクレアーゼの形が崩れ、「失活《しっかつ》」といって酵素活性が失われます。つまり、酵素の働きが失われているので、この試験管にＲＮＡを投入してもＲＮＡは加水分解されません。

ここまでは当たり前の話ですが、アンフィンゼンはさらにこの水溶液を透析《とうせき》してタンパク質変性剤を除いてから、リボヌクレアーゼ水溶液を放置しました。すると、失活したはずの酵素活性が復活したのです。これは、リボヌクレアーゼが精製したときの元の形に戻ったことを意味しています。この水溶液の中には純品のリボヌクレアーゼがあるだけで、エネルギー源のＡＴＰは存在しません。つまり、そこにあるのは、N末端からC末端に向かって20種類のアミノ酸のどれがどういう順番で一列に並んでいるのか、というリボヌクレアーゼのアミノ酸配列の情報だけです。

この実験結果からアンフィンゼンは、「タンパク質は勝手に最適な形になる」、つまり物が高いところから低いところに落ちるように、物理法則にしたがって、エネルギー状態が最も低くなる形状に落ち着き、それがそのタンパク質にとって最適な形だと考えました。

もう少し丁寧に説明すると、「タンパク質の高次構造はアミノ酸配列によって一義的に決定されており（アミノ酸配列が決まれば立体構造も1つに決まる）、タンパク質はアミノ酸配列にしたがって自発的に（自分で勝手に、エネルギーなしで）高次構造を形成する」となります。

これはアンフィンゼンのドグマ（教義もしくは原理）と呼ばれています。アンフィンゼンに1972年のノーベル化学賞が授与されると、「タンパク質の高次構造形成なんて簡単なことだ」「ゲノムにタンパク質のアミノ酸配列がきちんと書き込まれていれば、自然とmRNAに転写されてタンパク質に翻訳され、タンパク質が高次構造を形成するのだ」と考えられるようになりました。

分子シャペロン

アンフィンゼンが行ったのは試験管内の実験でした。では、細胞の中でもアンフィンゼンのドグマが成立するのだろうか、という問いかけが始まったのは1980年代になってからです。

調べてみると細胞内は、試験管内とはまったく別の世界でした。たとえば、大腸菌細胞で調べると、細胞内のタンパク質濃度は、なんと200〜300mg／mlという高濃度だったのです。こう言われてもピンと来ないと思いますが、どろどろのラーメンスープと同じような状態だと思ってください。

タンパク質を構成している20種類のアミノ酸は、水になじむ親水性のアミノ酸と、なじまない疎水性のアミノ酸に大別されます。第1章の冒頭で説明したように、細胞内の70%は水ですから、タンパク質がこの環境で機能するためには、疎水性のアミノ酸が分子の内部に潜り込み、親水性のアミノ酸が分子の表面に出るような配置をとらなくてはなりません。アンフィンゼンが行った濃度の低いタンパク質水溶液では、アミノ酸がこのような配置を無理なくとって、タンパク質が高次構造を形成することができました。

ところが、タンパク質濃度が非常に高いと困ったことが起きます。疎水性アミノ酸の連なりは水になじまないだけでなく、ベタベタとくっつきやすい性質を持っているため、分子の内部に潜り込む前に互いに不適切な相互作用をしてしまい、タンパク質が誤った構造になったり、もっとこんがらがって凝集したりしてしまうのです。このように細胞内は、タンパク質の高次構造形成にはとても不利な環境であることがわかりました（図5・3下）。

しかし、私たちは生きているわけですから、細胞レベルでこの問題をなんとか解決しているはずです。調べてみると、すべての細胞内には、「分子シャペロン」と総称される特殊なタンパク

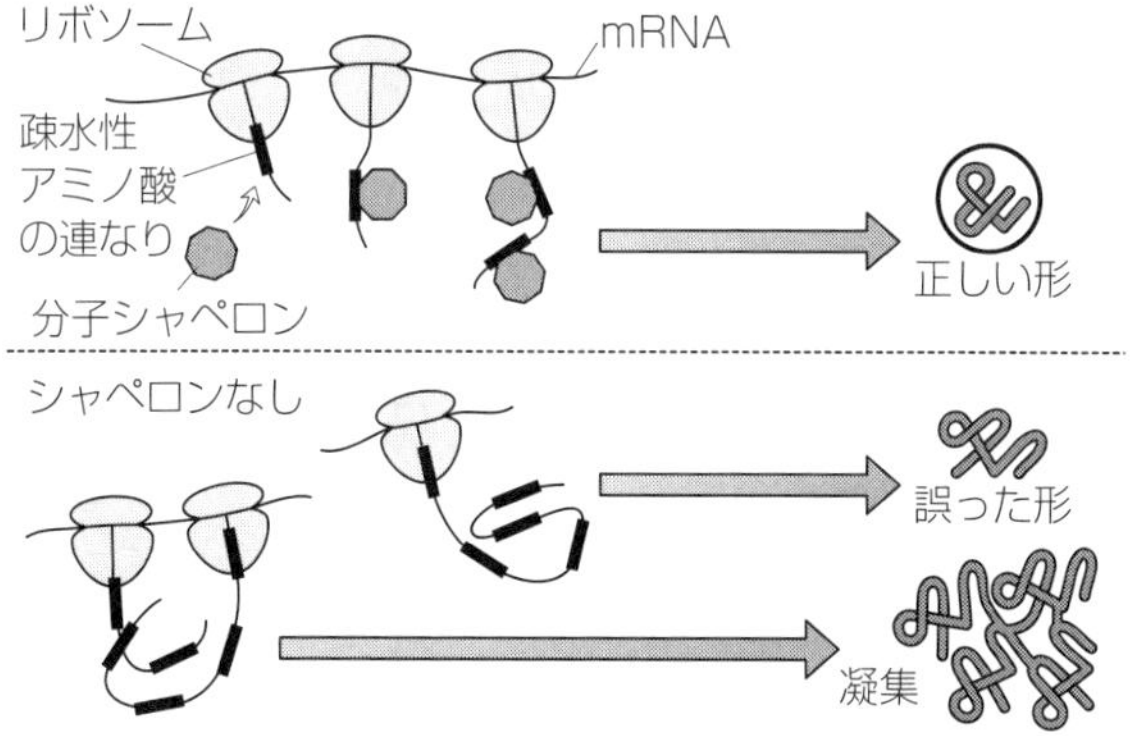

図5.3 タンパク質の高次構造形成を助ける分子シャペロン

質群が用意されていて、この分子シャペロンがタンパク質の高次構造形成を助けていることがわかりました（図５・３上）。

シャペロン（chaperone）という用語自体はじつは専門用語ではなく、簡単な英和辞典にも載っています。私の辞書には「若い婦人が社交界に出る時の付添い（多くは年配の婦人）」と書かれています。西洋の貴族社会では、お嬢様がある年齢に達すると社交界にデビューしますが、舞踏会に一人で行くとマナーがわからず、誤った振る舞いや場違いな行動をしてしまうかもしれません。それはとんでもない悪印象を与えてしまうので、初めのうちは作法をよくわきまえた年配の婦人が寄り添って、今何をすべきかを指南して（教え導いて）あげるのです。この指南役がシャペロンです。そうして何回か場数を踏めば、一人前になりますので、付き添いは不要になります。

タンパク質も同様です。一人で高次構造を形成しようとしても、細胞内の環境が良くないのですから、誤った構造になりがちです。そこで、シャペロンが誤った構造にならないように一時的に寄り添い、アンフィンゼンのドグマにしたがってタンパク質が高次構造を形成するのを手助けします。高次構造形成が完了すれば、シャペロンは離れます。分子の世界のシャペロン、分子シャペロンとは言い得て妙です。

シャペロニンの働き方

分子シャペロンの代表例には、「結合・解離型」と「閉じ込め型」の2つがあります。いずれの分子シャペロンも、働くときにATPのエネルギーを使います。

結合・解離型の分子シャペロンは、タンパク質分子内の疎水性アミノ酸の連なりに結合して強く摑《つか》み、疎水性アミノ酸どうしの不適切な相互作用を妨げます。この摑むときにATPが加水分解され、一定時間が経つと、疎水性アミノ酸の連なりを離します。この離された瞬間に、タンパク質はアンフィンゼンのドグマにしたがって、自由エネルギーの低い安定な形に折り畳まれます。それでもまだ疎水性アミノ酸の連なりが分子の表面に露出していれば、結合・解離型の分子シャペロンが再び結合し、タンパク質の高次構造形成が完了するまで結合と解離を繰り返します。

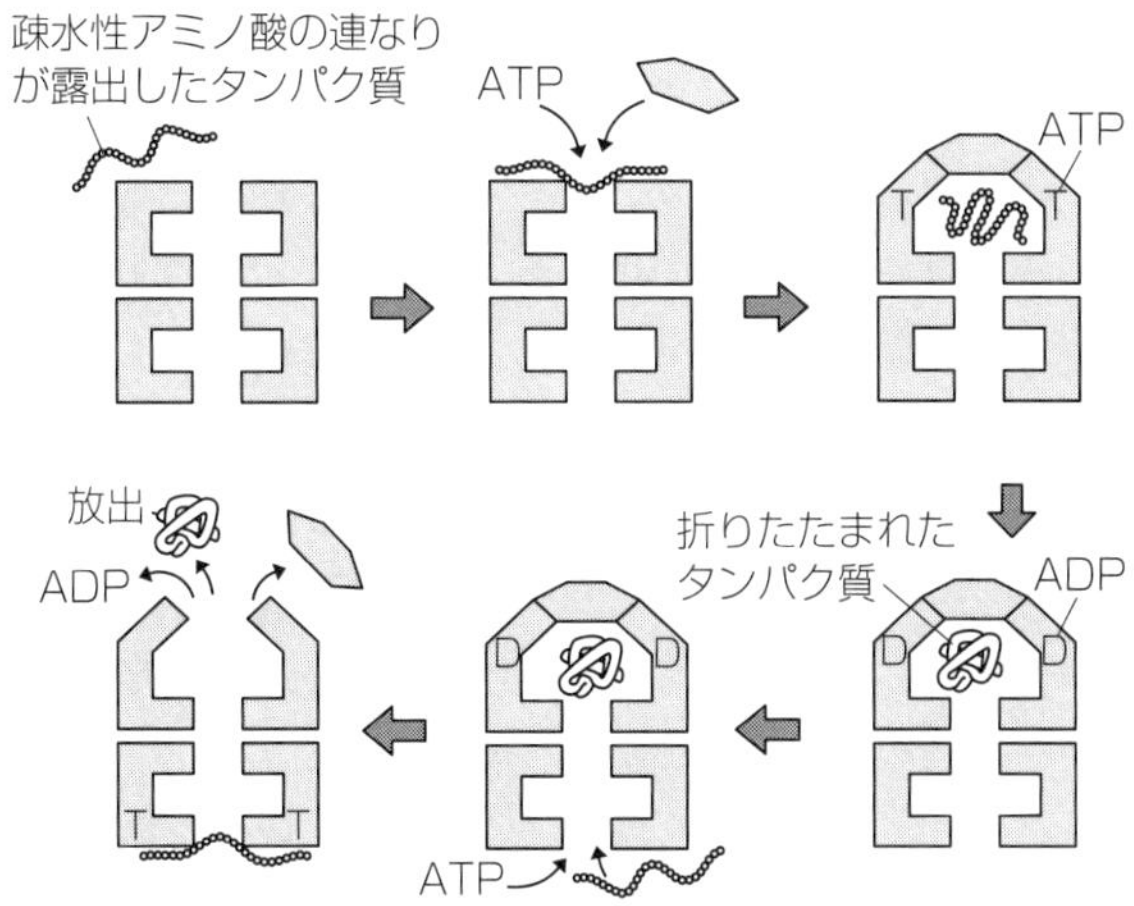

図5.4 シャペロニンの働き

一方、閉じ込め型シャペロンは「シャペロニン」と呼ばれます。フランツ＝ウルリッヒ・ハートルとアーサー・ホルビッチが大腸菌のシャペロニンを使い、どのようにしてシャペロニンが、内部に閉じ込めたタンパク質の高次構造形成を手助けするのか、明らかにしていきました。2人の研究競争は、まるで将棋の名人戦のように相手の次の一手を読みながら積み重ねられたといいます。

シャペロニンは、分厚いドーナッツが2つ背中合わせにくっついた形をしています。疎水性アミノ酸の連なりが表面に露出しているタンパク質が、片方のドーナッツの穴の入り口に結合すると、続いて7個のATPと蓋が結合します。その結果、広がったドーナッツの穴の中にタンパク質が落とし込まれ、閉じ込められます

（図5・4）。

上下2つのドーナッツは独立していてタンパク質が行ったり来たりすることはできません。穴の壁には親水性のアミノ酸が並んでいるので、まるでアンフィンゼンの実験のように、隔離されたよい環境の下でタンパク質が自発的に高次構造を形成します。

ATPが加水分解されるのに8秒かかり、これがタイマーの役割を果たします。8秒経つと、反対側のドーナッツの穴の入り口に、ATPと疎水性アミノ酸の連なりが表面に露出しているタンパク質が結合します。ATPの結合（タンパク質はなくてもかまいません）がきっかけとなって閉じ込めていた蓋が開き、ドーナッツの中に閉じ込められていたタンパク質とADPが放出されます。折り畳まれるべきタンパク質の表面に疎水性アミノ酸の連なりが露出している間は、このサイクルが繰り返されます。

ハートルとホルビッチの2人には2011年、ラスカー賞というアメリカで最も権威のある医学賞が授けられました。今後、ノーベル賞を受賞するかどうかが注目されています。

大腸菌では、まず結合・解離型のシャペロンが、新しく合成されたタンパク質の高次構造形成を手助けし、それでもうまくいかないような難しいタンパク質の高次構造形成を、閉じ込め型のシャペロニンが手助けする、という分業がなされています。

分子シャペロンはどこにいる?

それでは真核細胞の場合、結合・解離型のシャペロンはどこに存在するのでしょうか。じつは、このタイプのシャペロンは、タンパク質が狭い穴を通って出てくるところで待ちかまえています。待ちかまえていたシャペロンが、穴から出てきた疎水性アミノ酸の連なりにすぐに結合することによって、疎水性アミノ酸の連なりが不適切な相互作用をしないようにしているのです。

結合・解離型のシャペロンの存在場所は3つあります。どこかおわかりでしょうか。まずは細胞質です。タンパク質合成の場となるリボソームには、第4章で解説したように、「遊離型」と「小胞体膜結合型」があります。遊離リボソームは細胞質に存在しますので、このリボソームの狭いトンネルから出てくるタンパク質を、細胞質に存在する結合・解離型のシャペロンが待ちかまえているのです。細胞質と核で働くタンパク質は、細胞質で高次構造形成をします。

次に小胞体の中（内腔）です。小胞体膜結合性リボソームの狭いトンネルを抜け、さらに小胞体膜にあるトランスロコンというタンパク質でできた狭い穴から出てくるタンパク質を、小胞体内腔に存在する結合・解離型のシャペロンが待ちかまえています。分泌経路に進むタンパク質はすべて、小胞体内腔で高次構造形成をします。

最後はミトコンドリア内です。ミトコンドリアで使われるタンパク質は、第4章で解説したように、トム40という狭い穴を通ってミトコンドリアの内部に入って行きます。そこで、ミトコンドリアのマトリックスで結合・解離型のシャペロンが待ちかまえていて、入って来るタンパク質の高次構造形成を手助けします。

一方、核にある穴（核膜孔）はかなり大きいので、前述のように、タンパク質は立体構造を保ったまま通過できます。ですから、核内にシャペロンは存在しません。

では次に、閉じ込め型のシャペロニンはどこに存在するでしょうか。先に説明したのはⅠ型《いちがた》のシャペロニンといい、大腸菌などの細菌と真核細胞では、ミトコンドリア内に存在します。このことは、第4章で解説した「ミトコンドリア細胞内共生説」を裏づけています。

もうひとつ面白い話があります。真核細胞の細胞質では、蓋を持たないタイプのⅡ型《にがた》のシャペロニンが存在し、分厚い2層のドーナッツの中でタンパク質に自発的な高次構造形成をさせています。その祖先が古細菌《こさいきん》で見つかりました。

古細菌という言葉を初めて聞く人も多いかもしれません。原核生物に属する単細胞の微生物で、外見的には大腸菌などの細菌と見分けがつきませんが、別物です。分子生物学の大発展により、いろいろな微生物の遺伝子群の塩基配列を解読して比較できるようになった結果、原核細胞は2つのグループに大別されることがわかりました。従来の、大腸菌が属する細菌は「真正細菌」と呼ばれるようになり、新しく見つかったグループは「古細菌」と名づけられました。そのため、現在の地球上の生物は、真正細菌、古細菌と真核生物の3つ（3大ドメインという言い方をします）に分類されます。

古細菌には、無酸素、超高温、超高圧、高塩濃度、高い酸性など極限的な環境で生息しているものが多いそうです。仮説ですが、これまで嫌気性原始真核細胞と呼んでいたものが、じつは古細菌で、古細菌の中に真正細菌が共生してミトコンドリアになり、真核細胞が誕生したと考えると（図4・3参照）、Ⅰ型のシャペロニンがミトコンドリア内に、Ⅱ型のシャペロニンが細胞質に存在することとつじつまが合います。ただし、他の分子装置の分布や類似度を調べると、そんなに単純ではないので、参考程度のお話と聞き流してください。

私が京都大学のオープンキャンパスでシャペロンの話をしたとき、ある高校生が「では、シャペロンはどうやって最適な形になるのですか」と聞いてきました。なかなか鋭い質問だと感心しました。その後もときどき同じような質問をされるので、こう答えるようにしています。

「あなたが誕生したときのことを考えてみましょう。あなたのお父さんとお母さんが、あなたという細胞をイチ（受精卵）から作りましたか？　そうではないですよね。母親の卵と父親の精子が合体して受精すると（卵や精子は減数分裂によってできるのでDNA量は半分になっています）、父親由来の二本鎖DNAが卵の中に入って母親由来の二本鎖DNAとペアになり、世界で1つだけのあなたのDNA（ゲノム）ができあがります。

さて、ここで考えてみてください。この受精卵では、DNAの半分以外はすべて母親由来です。したがって、受精卵の中では、母親由来のタンパク質によってあなたのDNA内の遺伝子が転写され、翻訳されて、あなた固有のタンパク質が作られていきます。つまり、あなたを形作るタンパク質は、初めのうちは母親が卵の中に用意してくれたシャペロンの手助けによって高次構造を形成するのです。これが、母親が偉大であるゆえんです。ひとたび受精し発生が始まると、母親由来のタンパク質を使いながら徐々にあなたのタンパク質が増えていきます。水島昇によると、受精卵が子宮に着床するころまでには、母親由来のタンパク質はなくなり、すべてあなたのタンパク質になるそうです」

プリオン

タンパク質の形がおかしくなると病気になる、という例をお話ししましょう。狂牛病（正式には牛海綿状脳症）です。１９９０年代に英国を中心として猛威をふるった感染症（伝染病）ですが、最近は落ち着いているので、若い人は知らないかもしれません。

狂牛病を発症した牛は異常な行動や、足腰が立たなくなる運動失調を示し、死に至ります。英国では、これとよく似た症状を示す「スクレイピー」というヒツジの病気が知られていました。

研究者たちは、第３章の最後で解説したエイズウイルス（ＨＩＶ）の場合と同様、この感染症

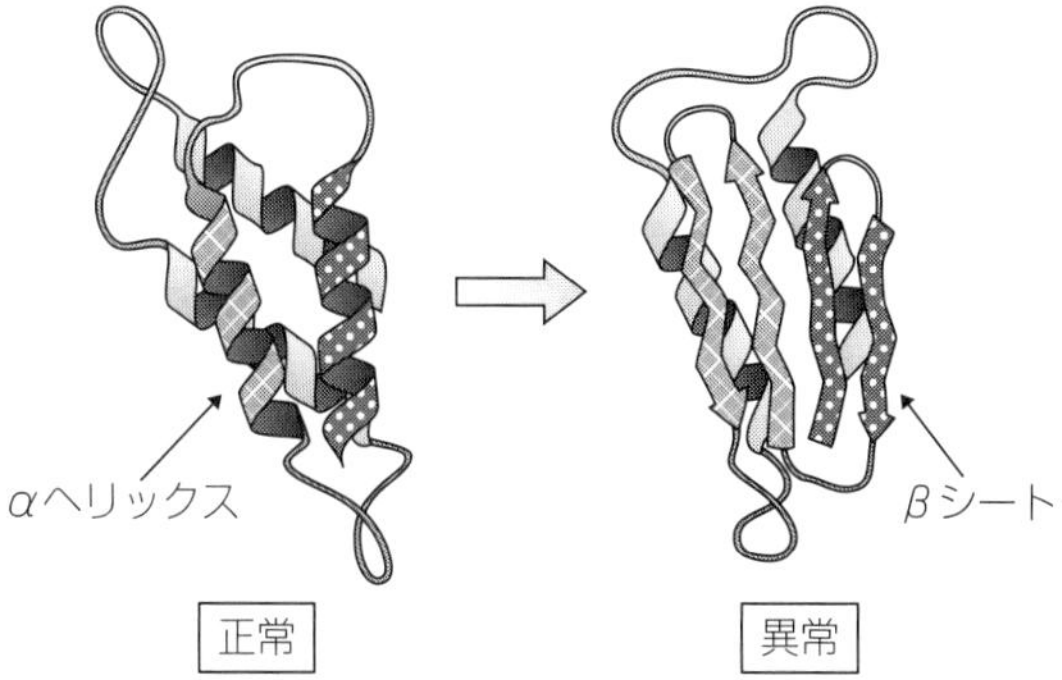

図5.5 正常なプリオン（左）とスクレイピー型プリオン（右）

にも病原体が存在するはずだと考えて、その解明に挑みました。ところが、どうやっても見つかりません。ついに、スタンリー・プルシナーは、ＤＮＡかＲＮＡをゲノムとして持つ病原体がスクレイピーを引き起こすのではなく、タンパク質が感染因子となっているという大胆な提唱をしました。これをプロテイン・オンリー説、つまり「プリオン」説といいます。その独創性ゆえに、プルシナーは１９９７年にノーベル生理学・医学賞を単独で受賞しました。

私たちヒトを含めて哺乳動物はプリオン遺伝子を持っていて、プリオンタンパク質は全身で発現しており、とくに脳内に大量に存在しています。プリオンが脳内でどんな働きをしているかはよくわかっていません。正常なプリオンはαヘリックスに富んだ構造をしていて無害です。ところが、何かのきっかけでその形が変わってスクレイピー型になると、βシートに富んだ構造になり、積み重なりやすい性質を獲得します（図5・5）。

プリオンのたちの悪さは、スクレイピー型には、正常型をスクレイピー型に変える能力があることです。いったんある程度の量のスクレイピー型ができると、これが核（ここでは種の意味）となって、脳内で正常型がどんどんスクレイピー型に変わり、積み重なって太い針のようになります。この針が神経細胞に毒性を発揮して、脳がスポンジ状になって病気を発症するのです（毒性を発揮する仕組みはまだ完全には解明されていません）。

重要なのは、まったく同じ遺伝子から、正常型とスクレイピー型プリオンができるということです。したがって、両者のアミノ酸配列も同じです。しかし、タンパク質の形は違います。アミノ酸の配列が決まれば、一義的にその立体構造も決まる、とするアンフィンゼンのドグマが成立しないこともあるのです。

狂牛病が広まった原因として、飼育牛に肉骨粉《にくこつぷん》を与えていたことがあげられます。肉骨粉とは、牛・豚・鶏から食肉を取ったくず肉や内臓などの残りを集め、加熱殺菌、油分除去、乾燥後に砕いてできた粉末です。加熱殺菌をすると、細菌は死にますが、スクレイピー型プリオンは壊れません。本来子牛が飲む母乳を私たちが牛乳として飲んでしまうので、そのかわりのタンパク質・カルシウム源として子牛に肉骨粉を与えていたのです。さらに、成長促進のため成牛にも与えていました。肉骨粉を与え続けて、草食動物の牛を肉食動物に変えたようなものです。

スクレイピー型のプリオンを持つ牛が肉骨粉の原料に含まれていると、その肉骨粉を食べた牛の脳内でスクレイピー型プリオンがどんどん増えて、狂牛病を発症させます。同じように肉骨粉を与えても、豚や鶏でこの病気が発生しないのは、生まれてから出荷されるまでの期間が短いからだと考えられます。

恐ろしいことに、狂牛病はヒトにも感染して、変異型クロイツフェルト・ヤコブ病を引き起こします。英国で、ハンバーガーが大好きだった少年など、患者が実際に出ました。食べたものは胃の中で消化されそうですが、一部はリンパ管を通じて脳に移行するので、牛肉の大量摂取は発症の危険因子になります。脳へ移行したスクレイピー型プリオンが核（種）となって増えるからです。そこで日本では、食用牛の全頭検査を行い、スクレイピー型プリオンが見つかった牛は廃棄する対策が取られました。肉骨粉の牛への投与が禁止され、今は落ち着いていますが、タンパク質の形の異常が病気を引き起こす典型的な例です。

タンパク質の分解

細胞の中でタンパク質を作りつづけることで、私たちの生命は成り立っています。このとき、タンパク質が正しい立体構造をとるように手助けするのがシャペロンでした。しかし、中には形の悪い不良品のタンパク質ができてしまうこともあります。また、作りつづけるだけではタンパク質が増える一方なので、不要になったタンパク質を捨てていく必要もあります。では、タンパク質はどこでどのようにして分解されるのでしょうか。

私が大学生だった頃は、第4章で登場したド・デューヴが1955年に発見したリソソームという細胞内小器官で、タンパク質が分解されると習いました。この中には40種類もの加水分解酵素が詰まっていて、タンパク質だけでなく、核酸、糖質、脂質などなんでも加水分解し、それぞれの最小構成単位に戻して再利用できるようにします。リソソームは、いわば細胞内の集約ゴミ処理場です。加水分解酵素が1つでも欠けると、その酵素が分解する物質が細胞内に蓄積し、リソソーム病と総称される遺伝病を発症することが知られています。

タンパク質の分解において注意しなければならないことは、分解すべきタンパク質と分解しないタンパク質を厳密に区別することです。区別できないと、まだ使えるタンパク質まで分解してしまうことになるので、もったいないですよね。

リソソームは膜で囲まれた小器官なので、膜の内側（小器官内）に入ったタンパク質は壊すけれど、入ってこないタンパク質は壊さないという厳密なルールが成立します。とはいえ、もしかしたら、リソソームの膜が破れて中の加水分解酵素が飛び出して悪さをするかもしれません。しかし、心配ご無用です。リソソームの中にはプロトン（H^+）が積極的に送り込まれているので、内部はpH5の弱酸性です。すると、その環境で働く加水分解酵素も、いちばん働きやすい至適《してき》pH

が5になるよう進化するのです。たとえ、リソソーム膜が破れて加水分解酵素が細胞質に飛び出しても、そこはpH７・２の中性の環境なので、どの酵素も十分には活性を発揮できません。

こうして長い間、細胞内のさまざまな物質はリソソームに運び込まれて分解されると考えられてきました。ところが１９７０年頃、リソソーム内部のpHを上げる薬を細胞に投与しても、タンパク質の分解が止まらないことが発見されました。つまり、リソソームに含まれている酵素が働かない環境にしても、タンパク質は分解されたのです。このことから、リソソーム以外にもタンパク質を分解する仕組みがあるのではないかと考えられるようになりました。

さらに興味深いことに、リソソーム内の酵素がタンパク質を加水分解する際にはエネルギーを使いませんが（章末コラム９参照）、リソソームとは違う場所でのタンパク質分解には、ＡＴＰのエネルギーが使われている可能性が浮上してきたのです。タンパク質分解にＡＴＰが必要だという実験結果は、１９５３年にメルヴィン・シンプソンが報告しています。ですが、当時はそんな考えは非常識で受け入れられませんでした。

同じ１９５３年の論文発表なのに、ワトソンとクリックのＤＮＡ二重らせん構造がすぐに受け入れられたのと大違いです。やはり、時代の背景が左右するのですね。そういえば、遺伝の仕組みを説明する「メンデルの法則」は、グレゴール・メンデルの死後に再評価されましたし、比較的最近では、バーバラ・マクリントックの「動く遺伝子」説の評価もずいぶんと遅れました。

遺伝物質がDNAであると科学的に証明されて間もないころのことです。まだDNAの立体構造も遺伝子の実体も不明な1951年に、ある遺伝子が染色体上を動いているとマクリントックは提唱しました。そんなことはあるわけがないと周囲から非常識と受け止められ、スター研究者だった彼女の評判は地に落ちました。しかし彼女は信念を曲げず、研究を続けました。そうしているうちに、分子生物学の登場によって遺伝子の研究が飛躍的に発展し、トランスポゾンという実際に染色体上を動くものが発見されたのです。マクリントックはその業績が再評価され、単独で1983年にノーベル生理学・医学賞を受賞しました。このとき、彼女は81歳でした。まさに「時代が彼女に追いついた」のです。

ユビキチン

少々横道にそれたので話を元に戻しましょう。リソソーム外でのタンパク質分解の実体解明に多くの研究者が挑みましたが、最初に突破口を開いたのはアルフレッド・ゴールドバーグでした。1977年、網状赤血球《もうじょう》（赤血球の前駆体細胞《ぜんくたい》）内でATPを使うタンパク質分解が行われていることを見いだして論文にしたのです。

ゴールドバーグは、この網状赤血球内の分解システムを使って自分が解析を進めるぞという勝利宣言のつもりだったのでしょうが、論文発表を急ぎ過ぎました。彼の論文を読んだイスラエル

図5.6 タンパク質のユビキチン化

のエイブラム・ハーシュコーと、彼の研究室の大学院生だったアーロン・チーカノーバーが、このシステムを使って研究を進め、翌年にはゴールドバーグを出し抜く形で、ATPを使うタンパク質分解の本質を示す論文を発表しました。

彼らが発見した小さなタンパク質はAPF－1（エーピーエフワン）と名付けられ、分解されるべきタンパク質にATPが使われて共有結合していました。1980年、APF－1はユビキチンと名付けられていたタンパク質と同一であることがわかりました。

このシステムでは、ユビキチンが共有結合したユビキチン化タンパク質を分解するけれども、結合していないタンパク質は分解しないという、厳密な区別をつけることができます。ユビキチンは1個結合するだけでなく、タンパク質に結合したユビキチンに2つ目のユビキチンが結合し、この2つ目のユビキチンに3つ目のユビキチンが結合し、さらに3つ目のユビキチンに4つ目のユビキチンが結合すると、分解のためのよい目印になります（図5・6）。

ユビキチンは、もともとタンパク質分解とはまったく無関係な生

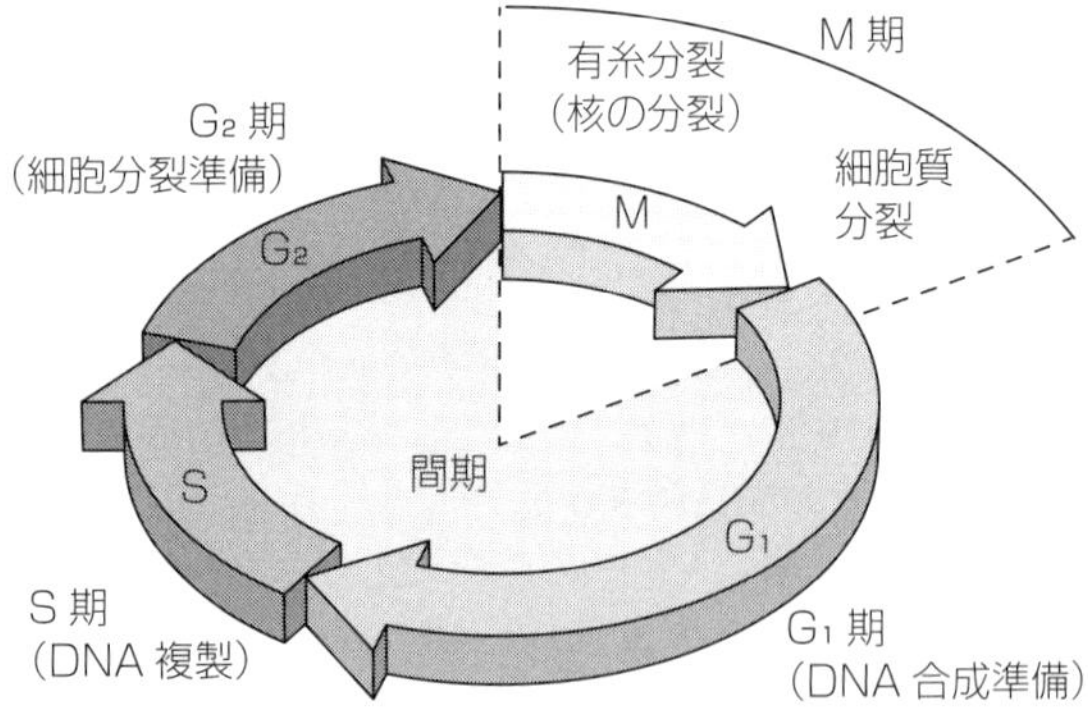

図5.7 細胞周期

命現象の研究から発見された分子です。でもよく調べてみると、発見した分子と目的の生命現象とは無関係で、どこにでも存在するユビキタスな分子だったので、ちょっとがっかりした研究者によってユビキチンと名付けられていました。そのユビキチンがＡＴＰを使うタンパク質分解における鍵分子だったのです。

しかしながら、どこにでも存在する分子だから重要な働きをしていると言い切ることはできません。とくに、ユビキチンの研究は網状赤血球という特殊な、細胞分裂をしない細胞で行われたものでした。ユビキチンの普遍的な重要性を証明したのはアレキサンダー・ヴァーシャフスキーでした。彼の実験結果を説明するために、まず細胞周期の話をしておきましょう。

細胞が分裂するときには、１組のＤＮＡが複製され、２つの娘細胞に１組ずつ分配される、と第１章で説明しました。２つの娘細胞もそれぞれやがて分裂します。このような、細胞の分裂が終わって次の分裂をするまでの期間を「細胞周期」（セルサイクル）といいます（図5・7）。実際に細胞分裂している、つまり46本の染色体が2つに分かれ、細胞質が膜で2つに区切られる時期をM期、それ以外を間期《かんき》と呼びます。間期は3つに分かれ、DNA合成の準備をするG_1《ジーワン》期→DNAを複製するS期→細胞分裂の準備をするG_2《ジーツー》期→M期と進みます。

ヴァーシャフスキーは1984年に、温度によって細胞周期の進行状況が変わる（温度感受性といいます）哺乳動物細胞を調べて論文を発表しました。この特殊な細胞は、比較的低温の32℃では細胞周期が進行するものの、培養温度を高くして39℃にすると細胞周期が進まなくなる性質を持っていました。ユビキチン化タンパク質を調べてみると、32℃では通常通りでしたが、39℃ではユビキチンが分解すべきタンパク質に共有結合しなくなっていることがわかりました。この実験により、ユビキチン化が細胞周期の進行、ひいては細胞分裂に重要であることが示されたので、もはやユビキチンの重要性を疑う者はいなくなりました。

後に、細胞周期の適切な時期が来ると、細胞周期のブレーキ役のタンパク質にユビキチンを共有結合させて、これを分解し、その結果解放されたエンジン役のタンパク質によって細胞周期が進行することが明らかにされています。本書ではこれ以上解説しませんが、リーランド・ハートウェル、ティム・ハント、ポール・ナースという3人の細胞周期の研究者に、2001年ノーベル生理学・医学賞が授与されています。

ヴァーシャフスキーの１９８４年の論文以降、ユビキチン研究は爆発的な広がりを見せ、さまざまな生命現象に関与することが明らかになりました。２０００年にユビキチンの研究をしたチーカノーバー、ハーシュコー、ヴァーシャフスキーに米国のラスカー賞が授与されました。そして２００４年に、３人のユビキチン研究者にノーベル化学賞が授与されたのですが、その組み合わせに関係者はみな騒然となりました。ヴァーシャフスキーが外され、代わりにアーウィン・ローズが入っていたのです。

ローズは、酵素学の専門家で、チーカノーバーとハーシュコーと共同で、ユビキチンがどのような酵素反応によって分解されるべきタンパク質に共有結合するか、その仕組みを解明した人です。しかしローズがユビキチン研究に携わっていたのは、そのわずかな期間でした。この人選にヴァーシャフスキー門下生が猛反発したのですが、いったん決まったノーベル賞受賞者が変更されることはありません。チーカノーバー、ハーシュコー、ローズに与えられたのが化学賞だったのがミソなのでしょうね。生理学・医学賞だったらヴァーシャフスキーが外れるはずがありませんん。50年たったら選考経緯が発表されるそうですから（私はもうこの世にはいませんが）、何か意図があったのか明らかになるのでしょう。

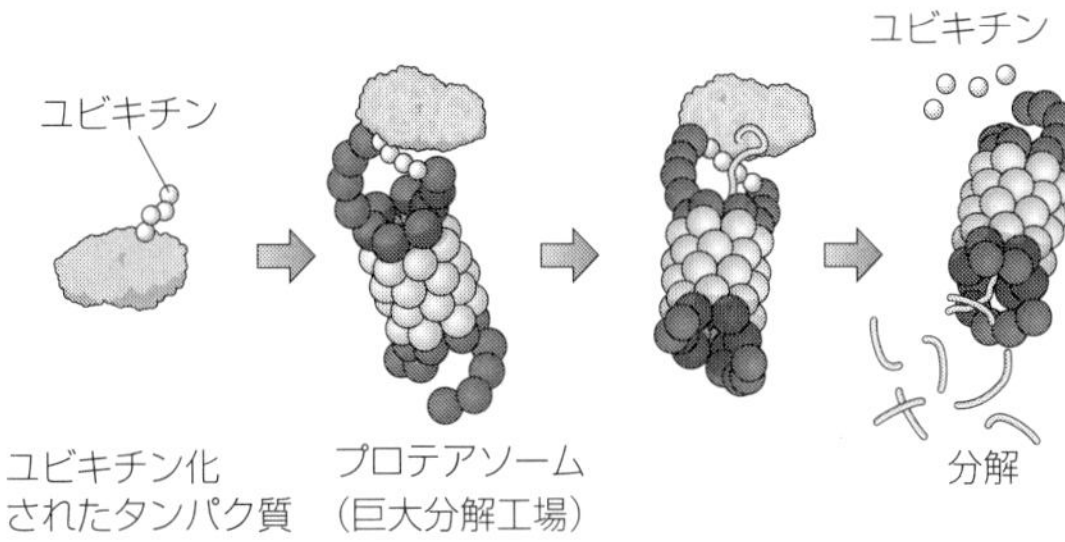

図5.8　**ユビキチン・プロテアソームシステムにおけるタンパク質の分解**

プロテアソーム

では、ユビキチンが結合したタンパク質は、どこでどのようにして分解されるのでしょうか。

わずか1年で答えが出たユビキチン化に比べて、こちらの問題を解くには長い時間がかかりました。タンパク質を分解する酵素を一般にプロテアーゼと称しますが、ユビキチン化タンパク質を分解するプロテアーゼは、とんでもなく巨大な分子装置だったからです。この巨大装置は、田中啓二とゴールドバーグにより、プロテアソームと名付けられました。田中啓二は、ゴールドバーグとともにプロテアソームの存在を最初に示し、さらにその後のプロテアソームの実体解明を先導して、プロテアソーム研究においては飛び抜けて大きな貢献をしています。

プロテアソームの中心は、ドーナッツが4層に重なったような構造をしていて、さらにその上下に大きな帽子（キャップ）がくっついています。1個のドーナッツは7個のタンパク質からできており、キャップもたくさんのタンパク質からできています（図5・8）。

プロテアソームはドーナッツの穴の部分でタンパク質を加水分解するのですが、この穴はかなり狭いので、タンパク質が立体構造をとったままでは入っていけません。これが、キャップが必要なゆえんです。キャップ内には、ユビキチンに直接結合するタンパク質が2つ存在し、その間の距離がちょうどユビキチン4個分になっています。

まず、この2つのタンパク質が、両手のように、ユビキチン化タンパク質のユビキチン部分を捕まえます。次に別の6個のタンパク質がATPのエネルギーを使いながら、分解されるべきタンパク質をひも状にほどき、ドーナッツの穴に押し込んでいきます。キャップ内には、分解されるべきタンパク質からユビキチンを加水分解によって剝がし取るタンパク質も存在しているので、ユビキチンは分解されるべきタンパク質と心中することなく、次のユビキチン化反応に再利用されます。

このように、ユビキチン・プロテアソーム・システムでは、分解すべきタンパク質にユビキチンを共有結合させる酵素反応と、プロテアソーム内のキャップでタンパク質の立体構造をほぐす2つのステップで、ATPのエネルギーを使います。プロテアソームは細胞質と核内に存在しています。

オートファジー

ユビキチン・プロテアソーム研究の大流行とともにリソソーム研究は下火になったのですが、1990年代からオートファジーの再浮上によって逆襲が始まりました。

オートファジーを発見したのはド・デューヴです。ド・デューヴは電子顕微鏡を用いて細胞内を観察し、飢餓状態においた細胞では、ミトコンドリアやペルオキシソームなどの細胞内小器官が膜で囲まれていることを見いだしました。この観察から、細胞は自分で自分の一部を食べて飢えを凌いでいるのではないかと考え、この現象を1963年にオートファジー（自食《じしょく》）と名付けました。オートファジーはself eatingを意味するギリシャ語に由来します。

しかし、電子顕微鏡では固定した死細胞を観察するので、オートファジーの仕組みには迫っていけませんでした。こうして、研究対象として長らく忘れられることとなったオートファジーですが、それを見事によみがえらせたのが大隅《おおすみ》良典でした。顕微鏡観察が好きな酵母の研究者である大隅は、酵母を栄養飢餓条件下で培養すると、まさにオートファジーが起こることを見いだしたのです。1993年に、大隅が酵母遺伝学の手法（第6章で詳しく解説します）を活用してオートファジーに関与する16個の遺伝子を発見し、それを契機に、その仕組みが次第に明らかになっていきました（まだまだ未解明な部分が多いですが）。

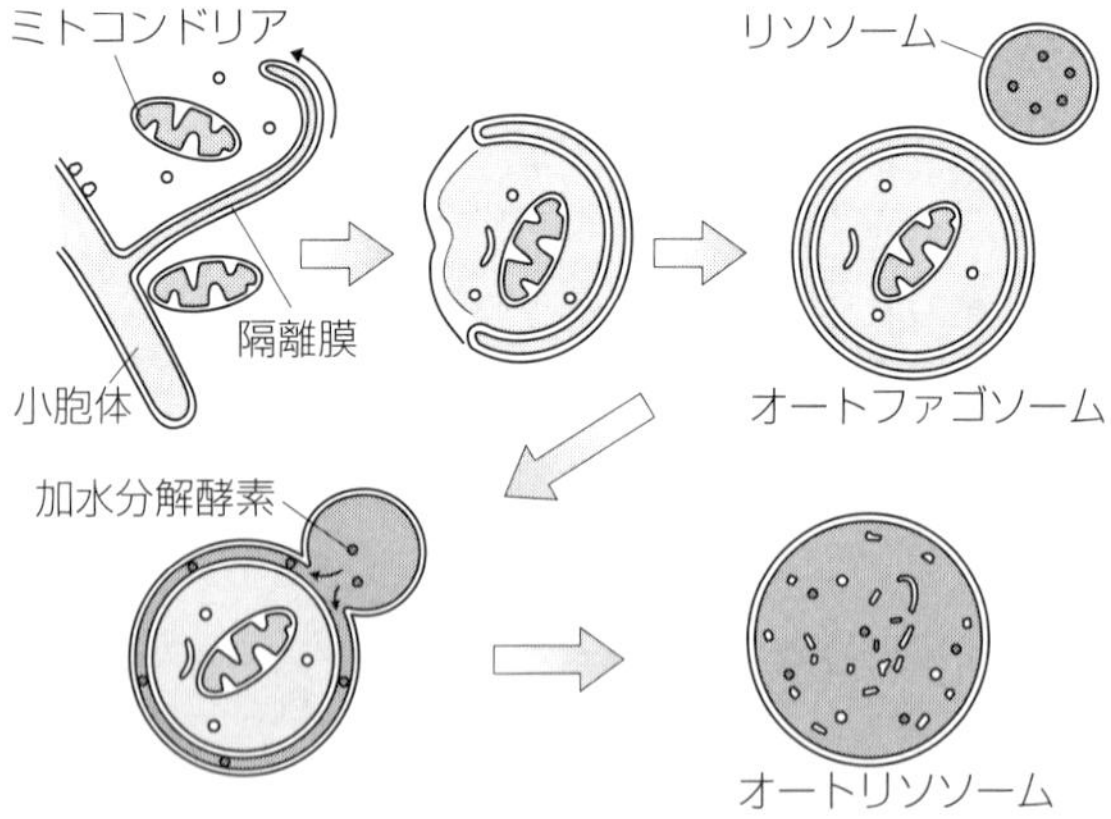

図5.9 オートファジーの仕組み

簡単に説明すると、小胞体とミトコンドリアが接触しているところから、隔離膜と呼ばれる膜が伸びてきて（吉森保の最新の成果）、ミトコンドリアなどをまわりの細胞質もろとも取り囲みます。こうしてできた二重膜の小胞をオートファゴソームと呼びますが、これがリソソームと融合すると、リソソーム内のたくさんの加水分解酵素がオートファゴソームの内容物を次々と壊していくのです（図5・9）。こうしてめでたくリソソームは復権を果たし、オートファジー研究は多くの研究者を魅了しました。今では、オートファジーは一大研究分野として発展しています。この功績により、大隅は2016年にノーベル生理学・医学賞を単独で受賞しました。日本人の単独受賞は、湯川秀樹、利根川進に続いての3人目です。

プロテアソームはドーナッツの穴の中で分解する

ので、ひも状になったタンパク質しか分解できません。これに対して、リソソーム内には40種類もの加水分解酵素が含まれているので、細胞内小器官のような油性の膜で囲まれたものでも、分解するのに問題がありません。タンパク質の構造がこんがらがって凝集してしまうと、ひも状にほぐすことは困難ですから、プロテアソームはお手上げです。オートファジーなら凝集体を隔離膜で取り込むことができるので、リソソームと融合してこれを徐々に分解することができます。

オートファジーの重要性を端的に示す実験結果を2つご紹介しましょう。いずれも水島昇の成果です。ヒトの一生で一番飢えるときはいつでしょうか。生きていくために、人間はたえず食物を確保しようとしますよね。しかし、それができない時期があります。そう、飢えざるをえないときとは出生直後です。

赤ちゃんは、母親の胎内にいるときには母親からたっぷりと栄養をもらってすくすくと育ちますが、オギャーと生まれてへその緒を切られた瞬間から、自分で栄養を取らなければならなくなります。母乳を栄養とするためには、膵臓で消化酵素を合成し、腸の中に分泌しなければなりません。しかし、そうした体の仕組みが整うまでには時間がかかるため、その間は飢餓状態になってしまうのです。

では赤ちゃんはどうやってこの状況を乗り越えるのでしょうか。じつはこのとき、オートファジーの仕組みを使って自分の一部を食べて栄養に変え、食いつないでいるのです。ですから、オートファジーを起こせないように遺伝子を改変したマウスは、出生直後に栄養失調で死んでしまいます。

また、脳内でのみオートファジーを起こせないようにしたマウスは、うまく歩けなくなって神経変性疾患の症状を呈しました。すなわち、オートファジーは飢餓状態のときだけ起こるのではなく、定期的に細胞内の大掃除をしていると考えられるのです。水島昇はこれを細胞内浄化と呼んでいます。細胞内浄化ができないようにしたマウスの脳では、凝集したタンパク質などがたまって神経細胞が死んで脱落していき、病気を起こしていたのです。

タンパク質を巧みに生産する仕組みだけでなく、細胞内には、ユビキチン・プロテアソーム・システムとオートファジー・リソソーム・システムという2つの、異なる特徴を持つ分解系が存在します。タンパク質にも私たちと同様に、誕生（合成）、成熟、輸送、死（分解）という一生があるのです。

コラム 9 加水分解にはエネルギー不要

RNAの最小構成単位はヌクレオチドでしたね。たとえばA—Gのようにヌクレオチドが2つつながったジヌクレオチド、AとGが加水分解されて2つのヌクレオチドになる反応を考えてみましょう。ジヌクレオチドは単独のヌクレオチドより自由エネルギーが高く不安定なので、エネルギーが低く安定な単独のヌクレオチドになる可能性があります。そこで、ジヌクレオチドが勝手に2つのヌクレオチドにバラけてしまわないように、単独のヌクレオチドへと分解する過程にはエネルギーの高い壁（障壁）が存在します。この障壁を乗り越えないと、ジヌクレオチドは分解できないというわけです。

　ところで、RNA加水分解酵素であるリボヌクレアーゼ内には、作用する相手である基《き》質《しつ》（この場合はジヌクレオチド）が結合できるポケットがあり、基質は鍵、酵素は鍵穴という「鍵と鍵穴」の関係にあります。さらに、第1章で登場したポーリングによれば、鍵穴の形状は、基質（鍵）そのものの形ではなく、反応中間体（ジヌクレオチドに水が付加されて2つのヌクレオチドに分かれようとする瞬間の構造）と合致しています。そのため、基質であるジヌクレオチドが酵素のポケットにはまり込むと、反応中間体の構造に導かれてエネルギーの障壁が下がります。すると外からエネルギーを与えなくても、分子の不規則な動きであるブラウン運動によってひょいと障壁を越えることができて、2つのヌクレオチドに分解されるのです。

第6章

驚異の復元力

――小胞体ストレス応答の発見

この章から、私を含む第4世代の研究者たちの発見を紹介しましょう。

おさらいをすると、まず第1世代の研究者たちが、新しい細胞内小器官を発見し、細胞外で働くタンパク質が、細胞内のどこで合成されてどのような道筋をたどって細胞外に放出されるのかを明らかにしました。すなわち、インスリンのようなホルモンは、小胞体膜に結合したリボソームで合成されて小胞体の中（内腔）に入り、ゴルジ体を通って細胞外に分泌されることがわかりました。

第2世代の研究者たちは、「シグナル配列（荷札）」「シグナル識別タンパク質」と「シグナル識別タンパク質受容体」を発見しました。ホルモンが、遊離のリボソームではなく、小胞体膜結合性リボソームで合成される謎を解き明かしたのです。

第3世代の研究者たちが発見したのが、「小胞輸送」です。タンパク質がどうやって異なる細胞内小器官の間を動いて行くのかをつまびらかにしました。

解き明かされる小胞体の役割

第5章で、小胞体の内腔には結合・解離型の分子シャペロンが待ちかまえていることを解説しました。分子シャペロンは、小胞体膜にある狭い穴（トランスロコン）を通って入ってきたホルモンなどの、分泌経路に進むタンパク質の疎水性アミノ酸の連なりに結合して、その高次構造形成を手助けします。

1980年代後半には、第4世代のメリージェーン・ゲッシング、ジョー・サンブルック夫妻とアリ・ヘレニウスがそれぞれ独立して、小胞体で正しい高次構造を形成したタンパク質だけが、小胞輸送によってゴルジ体に移動することを見いだしました。それまで小胞体は、ホルモンなどが通過する廊下のようなものだと考えられていたのですが、彼らの発見により、小胞体は関所の役目を持っていることが明らかになりました。正しい高次構造を形成したタンパク質は、関所を通過することが許されますが、正しい立体構造になっていないタンパク質は、小胞体に留め置かれます。

関所を通過できないタンパク質はどうなるのでしょうか。このような不良品のタンパク質には、細胞質で働いているタンパク質分解系が関わります。第5章で説明したユビキチン・プロテアソーム・システムです。分子シャペロンによる手助けを受けても、正しい立体構造にならない構造異常タンパク質は、小胞体内から細胞質へつまみ出されてユビキチン化され、プロテアソームによって分解されることが、1990年代半ばになってわかりました。この研究においても酵母が活躍しました。

もともと、小胞体で正しい立体構造にならなかったタンパク質は、小胞体内で分解されると考えられ（小胞体分解）、多くの研究者がこの分解酵素（プロテアーゼ）の発見に挑みました。

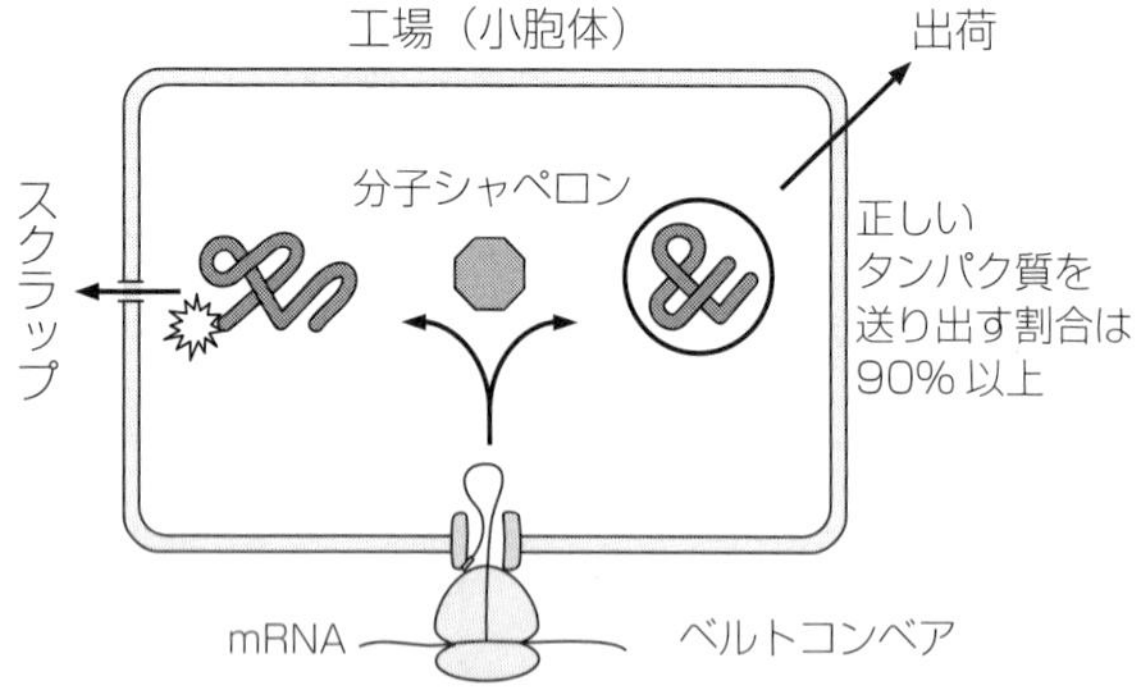

図6.1　細胞はタンパク質の品質管理をしている

ところが、ディーター・ウルフが小胞体分解を行うことができない酵母を見つけて、小胞体分解に関与する遺伝子を決めてみると、それはプロテアーゼではなく、細胞質のプロテアソームを構成するタンパク質の1つを暗号化している遺伝子でした（この手法を「酵母遺伝学」といい、後で詳しく説明します）。つまり、小胞体内の構造異常タンパク質は、最終的にプロテアソームで分解されるということです。この細胞質で分解するための一連のシステムは、小胞体に関連した分解ということで、「小胞体関連分解」と呼ばれることになりました。

「品質管理」という言葉があります。車でも食品でも、工場で作られたあとに製品の品質が厳しくチェックされて、検査をパスしたもののみが市場に出荷されますよね。このような製品の品質管理が細胞内でも行われています（図6・1）。

小胞体を工場になぞらえてみましょう。工場である小胞体では、ベルトコンベアーから製品が流れてくるように、タンパク質が小胞体膜結合性リボソームのトンネルを通り、さらに小胞体膜にある狭い穴（トランスロコン）を抜けて小胞体に入ってきます。すると、従業員が製品を完成させるように、多数の分子シャペロンが関わってタンパク質の高次構造形成を手助けします。完成品ができて、検査員が合格と認めると製品が出荷されますが、小胞体内でも分子シャペロンが検査員の役目を担い、正しい高次構造を形成したタンパク質だけがゴルジ体に小胞輸送されます。

工場では検査員が製品を不合格だと判定すると、やり直しをさせるか、あきらめてスクラップにするかします。小胞体では、この判断をするタンパク質が何種類もあります。正しい立体構造になっていない不合格のタンパク質は、多数の分子シャペロンが再び高次構造形成を手助けし直すか、スクラップにするように細胞質につまみ出して小胞体関連分解で処分します。工場での品質管理と同じことが、私たちの60兆個の細胞内で行われているなんて、ちょっと感動的ではないでしょうか。

この品質管理の効率についてでは、研究者たちのあいだでいくつもの論争がありました。今では、分子シャペロンが関与すると、小胞体内に入ってきたタンパク質の90％以上は正しい高次構造を形成し、ゴルジ体へと小胞輸送されることがわかっています。小胞体関連分解に回されるのは10%以下です。かなり効率的なシステムですね。

異常タンパク質が増えるとシャペロンを増やす

驚きはまだ続きます。メリージェーン・ジョー夫妻は、小胞体内に立体構造が異常なタンパク質がいつも以上に蓄積すると（この状況を小胞体ストレスと呼びます。図6・2左上の before）、細胞内でとても面白い現象が起こることを発見して、1988年、科学誌「ネイチャー」に論文を発表しました。

小胞体内で働いている分子シャペロン（以降、小胞体シャペロンと略します）もタンパク質ですから、そのアミノ酸配列を暗号化している遺伝子が核内に存在しています。遺伝子をどれくらい発現させるかは、主に転写の段階で調節されていると第3章で解説しました。メリージェーン・ジョー夫妻は、小胞体ストレス時には小胞体シャペロン遺伝子の転写量が増大する、つまり転写が活性化することを見いだしたのです。

核内で転写が活性化すると、小胞体シャペロンを暗号化しているmRNAが増えます。このmRNAが細胞質で翻訳されてできる小胞体シャペロンには、N末端に疎水性のシグナル配列が付いているので、小胞体膜結合性リボソームで合成され、小胞体膜にある穴（トランスロコン）を通って小胞体内に入っていきます。その結果、小胞体内で小胞体シャペロンが増量します（図

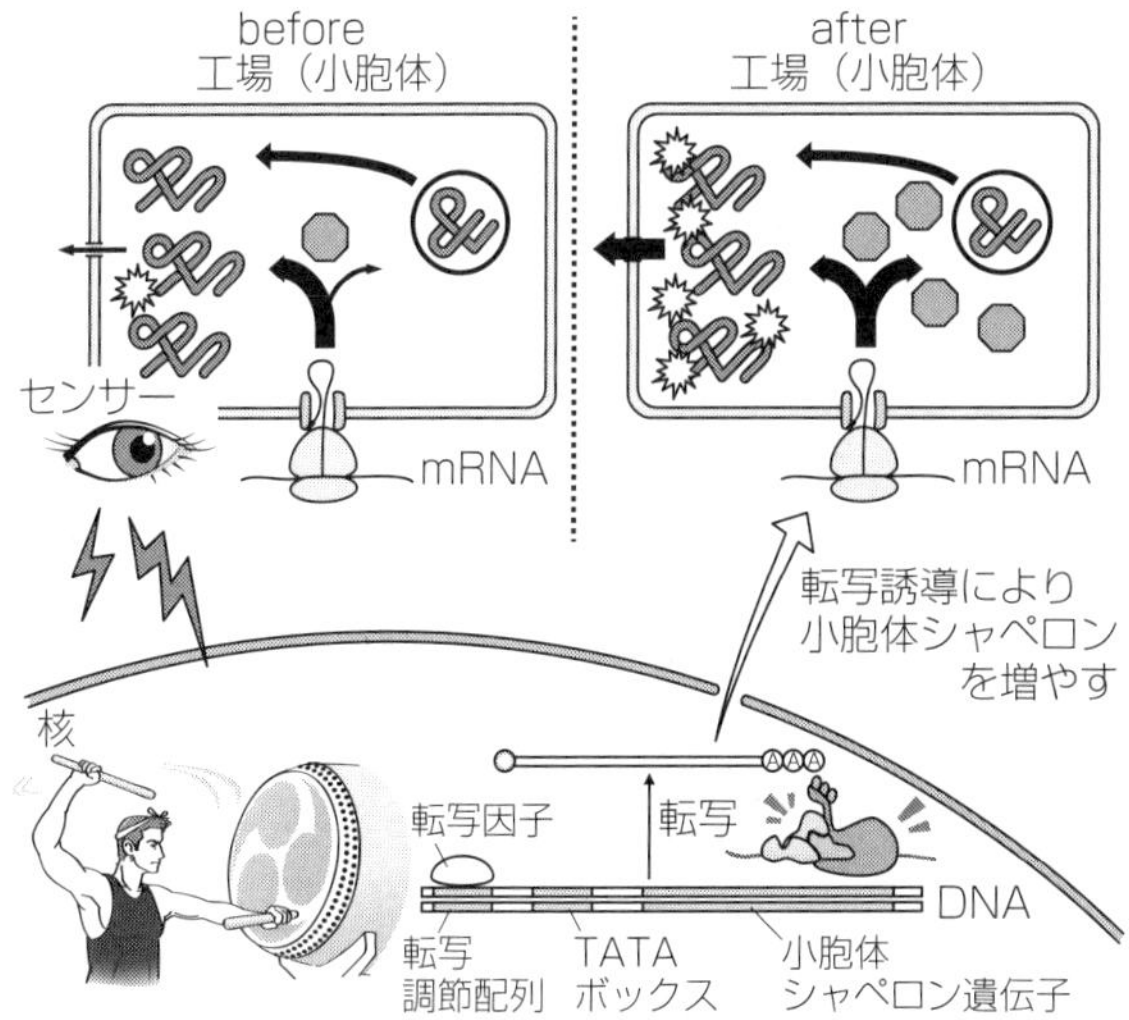

図6.2　細胞は危機管理能力（復元力）を持つ

小胞体ストレス時には、小胞体シャペロンが転写誘導されて構造異常タンパク質の修復を行う。後に、小胞体関連分解を実行するタンパク質群も転写誘導されることがわかった。

6・2右上のafter)。

一般に、分子シャペロンには他のタンパク質より高次構造を形成しやすい性質があります。そこで、正しい立体構造を獲得した小胞体シャペロンは、小胞体内に蓄積している構造異常タンパク質に結合して、それらのタンパク質の異常構造の修復に励みます。このように、小胞体ストレス時に小胞体シャペロン遺伝子の転写を活性化し、できた小胞体シャペロンのmRNAを翻訳することによって小胞体シャペロンを増量させるという一連の流れを、「転写誘導」といいます。すなわち、小胞体には品質管理機構だけでなく、構造異常タンパク質がいつも以上に蓄積すると、転写誘導により、ただちにその修復に取り組むという危機管理機構までも備わっているのです（図6・2）。奥深いですよね。

ここで、分子シャペロンは酵素（触媒）ではないことに留意してください。触媒であれば、1つの酵素でも10個や100個とたくさんの折り畳まれるべきタンパク質に作用することができます。一方、第5章で解説したように、分子シャペロンは、折り畳まれるべきタンパク質が高次構造形成を完了するまで、結合と解離を繰り返します。不適切な相互作用をしやすい疎水性のアミノ酸の連なりが、タンパク質分子の表面に露出していることは、細胞にとってとても危険なことです。そのため、その連なりをできるだけ早く分子の内部に押し込もうとするのです。

したがって、構造異常タンパク質が小胞体内にいつも以上に増えると、それに合わせて小胞体シャペロンも増えなければ対応できません。いわば人海戦術で悪化した状況を克服しようとしています。別の言い方をすると、構造異常タンパク質が小胞体内でいつも以上に増えると、小胞体は「人手が足りないからだ」と判断して、応援を呼ぶのです。

こうして増量した小胞体シャペロンによって、小胞体内の状況が改善されます。小胞体は、関所を通過できないタンパク質があふれかえってくると、それを自らの力でなんとかしようとする、じつにダイナミックな細胞内小器官だったのです。生体内で何かがおかしくなったら元に戻すことを、専門的には「恒常性維持」と呼びますが、一般には「復元力」と呼ぶほうがピンと来るかもしれません。私たちの60兆個の細胞はどれも、このような驚異の復元力を持っているのです。なんとも誇らしいではないですか。

小胞体ストレス応答に必要な3つの仕組み

細胞が示す反応のことを「応答」と呼びます。英語ではレスポンスといい、「彼はレスが悪いね」と使ったりしますよね。小胞体ストレス時に示す細胞の反応、すなわち小胞体シャペロンを転写誘導して構造異常タンパク質を修復する反応を「小胞体ストレス応答」と呼びます。

さあ、小胞体ストレス応答の仕組みを見ていきましょう。これまでの知識の総動員です。これからの説明を理解してもらうのが、本書の目的のひとつといっても過言ではありません。

１９８８年にテキサス大学のメリージェーンとジョーが、小胞体ストレス時には小胞体から核へシグナル（合図）が伝わって小胞体シャペロン遺伝子の転写が活性化することを見いだし、「小胞体ストレス応答」と命名しました。私は、１９８９年4月に彼らの研究室の博士研究員（ポスドク）となり、小胞体ストレス応答の仕組みの解明に取り組みました。

当時、細胞表面のホルモン受容体にホルモンが結合した後、どのようにしてシグナルが核へ伝わるかという研究が盛んに行われていました。しかし、小胞体ストレス応答の場合、小胞体から核へ、つまり細胞内小器官同士の間でシグナルが伝わります。ですから、小胞体ストレス応答では、ホルモンとその受容体による細胞間コミュニケーション（交流）とは違う仕組みが使われているのではないかと期待して、研究に取り組みました。はたして、やってみるとその通りでした。

小胞体ストレス応答が成立するためには、少なくとも3つの仕組み（関与する遺伝子）が必要です（図6・2参照）。1つ目は、小胞体内に立体構造が異常なタンパク質がいつも以上に蓄積していると判断する〝監視カメラ〟のような目です。火災報知器が煙や熱を感知して非常ベルを自動的に鳴らすのは、煙センサーか熱センサーが内蔵されているためです。同様に、小胞体には「小胞体ストレスセンサー」が備え付けられているはずです。

転写の仕組みは第3章で解説しましたが、2つ目に必要なのは「転写因子」です。小胞体シャペロン遺伝子のプロモーター内には「小胞体ストレス時に小胞体シャペロン遺伝子の転写を活性化させるための転写調節配列」が存在しているはずです。この配列を太鼓にたとえると、小胞体ストレス応答に関わっている転写因子はいわば太鼓奏者です。小胞体ストレス時に、太鼓奏者が太鼓を見つけて叩くことによって、基本転写因子群とRNAポリメラーゼに転写するよう働きかけるはずです。

3つ目は、「センサー」が小胞体ストレスを感知したことを「転写因子」に伝える仕組みです。小胞体と核は異なる細胞内小器官ですから、この仕組みが必要なのです。私は、この３つすべてを解明することに成功しました。解明するまでのいきさつを通して、これらの仕組みを詳しく紹介しましょう。

遺伝子を探せ

１９８８年にメリージェーンとジョーは、哺乳動物の培養細胞を用いて小胞体ストレス応答の存在を発見しました。この後ただちに彼らは、出芽酵母という真核細胞である単細胞生物に目を向けました。後から振り返るとこれが大英断でした。酵母の仕組みのほうが、哺乳動物の仕組みよりはるかに単純で、解析しやすかったからです。

翌１９８９年、彼らは酵母にも小胞体ストレス応答が存在することを発見し、科学誌「セル」に論文を発表しました。ちょうどこの頃に彼らの研究室に留学した私は、小胞体ストレス応答研究の黎明期から携わることができて、本当に幸運でした。

アメリカに来てまず、小胞体シャペロンの転写誘導を担う転写調節配列（太鼓）を酵母で決定し、１９９２年に論文発表しました。先に述べたように、この配列は小胞体シャペロン遺伝子のプロモーター内に存在していますが、酵母では１ヵ所にしか存在しておらず、ＣＡＧＣＧＴＧという連続した塩基配列であるという単純な形だったため、当時まだ分子生物学の初心者であった私でも見つけ出すことができました。

転写調節配列（太鼓）を見つけたら次は、通常であれば、この配列に結合する転写因子（太鼓奏者）を精製し（純品にする）、それを暗号化している遺伝子を見つける（クローニングする）という方向で研究を進めます。私は日本で生化学を学んでタンパク質の精製を何度も経験していたため、転写因子というDNAに結合するタンパク質を精製することがとても難しく、大変な労力を要する作業であることを知っていました。それに、せっかく背水の陣でアメリカまで来たのですから（「おわりに」参照）、何か新しい技術や手法を身につけたいと思っていました。そこで酵母遺伝学に挑戦することにしました。

分子生物学の研究によく使われる酵母には、出芽酵母と分裂酵母の2つがあります。出芽酵母は芽が出るように細胞分裂するので、生じた2つの細胞の大きさが母娘のように違います。一方、分裂酵母は均等に細胞分裂します。ちょうどそのころ、第3世代のシェクマンが、出芽酵母の遺伝学を用いて小胞輸送の分子機構を華々しく解明していたので、自然な流れで私も出芽酵母を使いました。

後でわかったことですが、出芽酵母の小胞体ストレス応答の仕組みは、哺乳動物細胞でも使われています（保存されているという言い方をします）。一方、分裂酵母の小胞体ストレス応答はちょっと変わっていたので、こちらを選んでいたら小胞体研究の今日の活況は生まれませんでした。

酵母遺伝学とは、自分が興味のある生命現象を起こすことができなくなった酵母を探し出してきて、その生命現象に関与する遺伝子を見つけ出す（クローニングする）という手法のことです。今回の事例に基づいて解説しましょう。

普通の酵母（野生型の酵母といいます）は、小胞体ストレス応答を示します。ということは、小胞体ストレス応答に関与する遺伝子群（少し前に説明したように３つは存在しそうです）が機能している（働いている）、つまりそれらの遺伝子から機能を持ったタンパク質が発現していることを意味しています。

そこで、この野生型の酵母のゲノムに発がん物質のようなものを用いてランダムに傷を付け、その中から小胞体ストレス応答を示すことができなくなった変異型の酵母を探してきます。この変異型の酵母では、３つの遺伝子のどれかが傷つき、機能を持ったタンパク質が発現しなくなっています。ちなみに、変異型のことを英語ではミュータント（mutant）と呼びます。『ミュータント・タートルズ』（突然変異した亀）というテレビアニメや映画がありましたね。

狙った遺伝子に傷を付けるのではなく、ゲノムがランダムに傷付けられた細胞群の中から目的の遺伝子に傷が付けられた細胞を探してくるのですから、効率はとても悪いといえます。

私の場合は、半年かけて10万個の酵母の中から３個の変異型（小胞体ストレス応答を示さないミュータント）酵母を見つけることができました。中学時代の同級生から、「顕微鏡で見て探したん？」と聞かれましたが、顕微鏡で10万個見るのはほぼ不可能です。どうやって見つけることができたかは、やや詳細に入るので、章末コラム10で解説します。

さて、これら３つの変異型酵母では、小胞体ストレス応答に関与する遺伝子のどれかが機能しなくなっているので、次にその欠陥遺伝子を見つける作業をします（この実験方法も章末コラム11で詳述します）。調べた結果わかったことは、３つのミュータント酵母ではいずれもＩＲＥ1（アイアールイーワン）遺伝子が機能を失っているということでした。この遺伝子は、１１１５個のアミノ酸が連なったＩＲＥ1タンパク質（以降、単にＩＲＥ1と呼びます）を暗号化しています。逆に言うと、野生型の酵母ではＩＲＥ1が機能していて、小胞体ストレス応答に関与しています。

面白いことに、このタンパク質のN末端には疎水性の小胞体行きシグナル配列が付いていました。そこで、私は、ＩＲＥ1は小胞体ストレスセンサーではないかと推定しました。実際にＩＲＥ1がセンサーとして機能していることを証明し、１９９３年に科学誌「セル」に論文を発表することができました。ほぼ同時期に、カリフォルニア大学サンフランシスコ校の若手大物教授ピーター・ウォルターも同様の酵母遺伝学の手法を使ってＩＲＥ1遺伝子を発見し（クローニングし）、同じく「セル」に論文を発表しました。ピーターは、１９９９年にノーベル生理学・医学賞を単独で受賞した第2世代の旗手ブローベルの一番弟子です。まだ大学院生だったときにシグナル識別タンパク質を発見していて、若いときから正教授として活躍していました。

１９９３年に「セル」に発表されたこの2つの論文が「小胞体ストレス応答」という新分野を開拓したと世界的に認知され、２００５年のワイリー賞（米国）、２００９年のガードナー賞（カナダ）、２０１４年のショウ賞（香港）とラスカー賞（米国）は、ピーターと私の2人に授与されています。本来なら、私のボスであるメリージェーンとジョーが受賞すべきなのですが、私がＩＲＥ１論文を発表した後に帰国すると、彼らの研究はうまくいかなくなりました。私はその後もテキサス大学チームの代表としてカリフォルニア大学チームと競ったので賞が贈られたのだと思います。

熾烈を極めた大物研究者との競争

私はＩＲＥ１論文発表後の１９９３年9月に帰国し、その年の4月に京都で設立されたばかりの株式会社エイチ・エス・ピー研究所の研究員として、10月から勤務を開始しました。この会社は当時の厚生省の下部組織である医薬品機構と民間4社が共同出資した産官共同プロジェクトでした。7年間という時限付きの組織でしたが、由良隆所長は自由に研究させてくれました。もしこの研究所ができていなかったら、今の私の状況はあり得ません。感謝あるのみです。

米国で小胞体ストレスセンサーIRE1を見つけたので、京都での次の狙いは、小胞体ストレス時に転写調節配列という太鼓（CAGCGTG）を叩く転写因子です。由良所長から「目的の転写因子をダイレクトに取得できる手法を考えなさい」とアドバイスを受けました。2年間ぐらい悪戦苦闘しましたが、ワン・ハイブリッド法という名案を思いつき、HAC1（ハックワン）という名の転写因子をなんとか見つけ出す（クローニングする）ことができました。

小胞体ストレスセンサーIRE1と転写因子HAC1の間をつないでいる仕組みもまったく斬新なものでした。IRE1が小胞体ストレスを感知すると、HAC1・mRNA（HAC1遺伝子から転写されたmRNAです。以降このように表記します）がスプライシングを受け、それから翻訳されたHAC1タンパク質が転写を実行できるようになるのです（図6・3）。スプライシングとは、第3章で説明したように、mRNAに写し取られた遺伝情報の中から不要な部分を取り除くというプロセスで、HAC1タンパク質の発現は、IRE1からの指令を受けるスプライシングによって制御されていました。HAC1に加え、このとても面白い仕組みを見つけた私は、科学誌「セル」に論文を発表しようと準備を進めていました。

ですが、やはりここでも、大物ピーター・ウォルターが登場してきました。ピーターは転写因子HAC1およびHAC1・mRNAスプライシングの発見を1つの論文として、1996年11月に「セル」に発表しました。先を越されたのです。ピーターが論文発表前に学会で話したのを

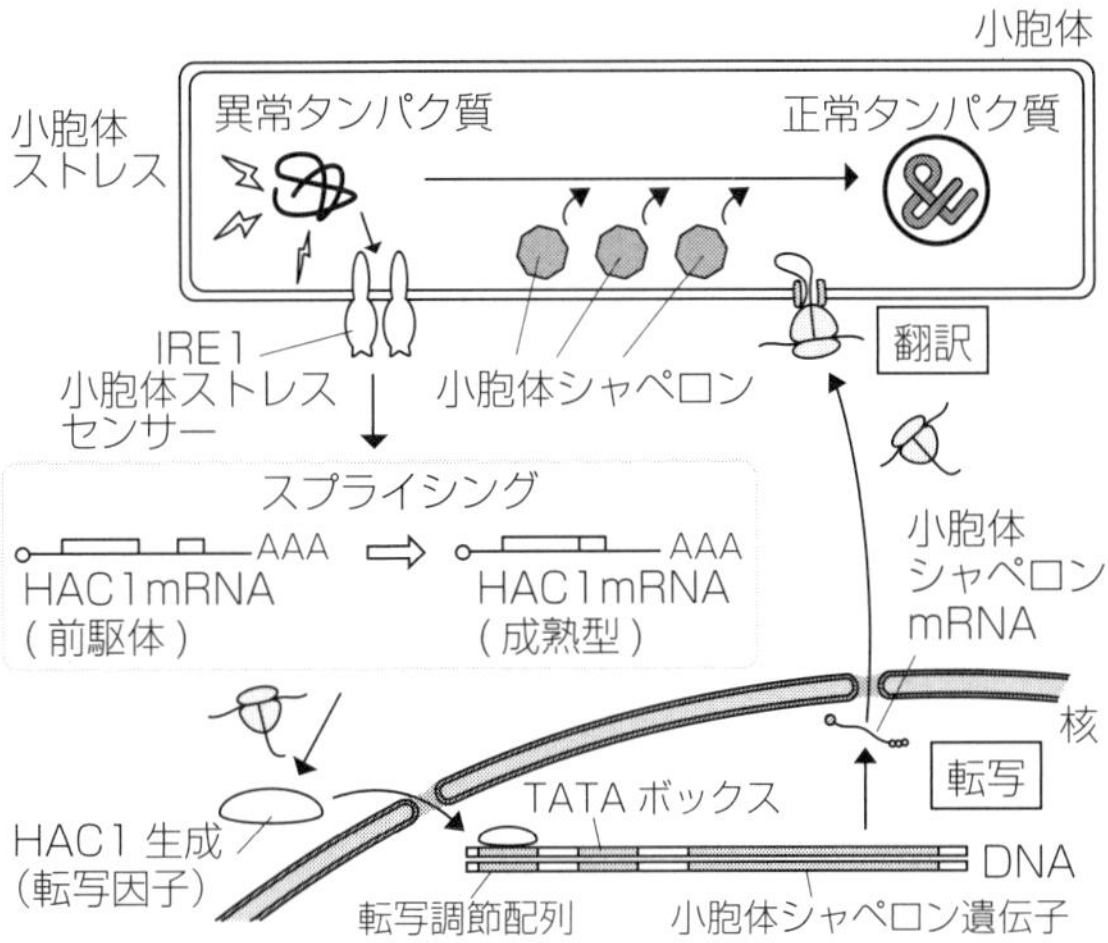

図6.3　小胞体ストレスセンサーと転写因子をつなぐ仕組み

聞いた人が電話で教えてくれました。

目の前が真っ暗になり、奈落の底に突き落とされそうになりました。科学の世界では、最初に発見した者だけが栄誉に浴します。２番手は評価されないのです。通常ならこれで研究者生命も終わりかと落ち込むのですが、そうなる前に、電話中に何かおかしなことに気付きました。「ＨＡＣ１・ｍＲＮＡがスプライシングを受ける」と、どうして「ＨＡＣ１が転写を実行できる」ようになるのかについて、同じ現象を見ているにもかかわらず、ピーターと私では解釈がまったく異なっていたのです。

ピーターの解釈はこうでした。「ＨＡＣ１・ｍＲＮＡがスプライシングを受けると、合成されたＨＡＣ１タンパク質が分解されなくなって転写を実行する（逆に言うと、HAC1・mRNAがスプライシングを受ける前は、HAC1タンパク質は合成されてもすぐに分解されるために転写を実行できない）」。一方、私は「HAC1・mRNAがスプライシングを受けると、HAC1タンパク質が初めて合成されて転写を実行する（逆に言うと、HAC1・mRNAがスプライシングを受ける前は、HAC1は合成されないので転写を実行できない）」と考えました。

私はまだ望みがあると信じて、ひたすら実験に励みました。私の人生で最も睡眠時間が短かった時期でした。同僚の川原哲史もよく頑張ってくれました。

ピーターに論文発表で先を越された翌月、1996年12月に、彼の地元サンフランシスコでアメリカ細胞生物学会が開催されました。そのシンポジウムで、私は初めてピーター本人と相まみえました。

ピーターが滔々と自説を述べた後に、いよいよ私の発表する番が回ってきました。気力を振り絞って自説を述べました。大物ピーターが超一流誌「セル」に発表した学説を、私みたいな若造がひっくり返すなんて誰も思わなかったでしょう。それでも翌年、「トレンズ・イン・セルバイオロジー」にピーターの学説を含めたこの分野の総説が掲載されたとき、その中の欄外に「モリは別の解釈を考えている」と書いてくれました。声にしなかったらこうはなりません。あきらめたらそこで終わりです。

じつはこのシンポジウムは、ピーターがメリージェーンに持ちかけて２人で企画したものです。企画当時はまだＩＲＥ１の論文しか出てなかったのに、シンポジウム開催時にはピーターはＨＡＣ１とＨＡＣ１・ｍＲＮＡスプライシングの論文を含めて３つもの素晴らしい論文を出していました。何も新しい結果を持っていなかったメリージェーンは打ちひしがれたのか、オーストラリアからサンフランシスコまで来ていたのに（その頃、彼女は故郷であるオーストラリアに移っていました）、「風邪がひどくなったから帰る、あとは任せるね」と言い残してシンポジウムには出席しなかったのです。敵前逃亡です。

戦国時代、甲斐の武田信玄が上洛を目指し、徳川家康の領地を通ることになったときのことです。「歯向かって来なければ、通過するだけで危害を加えない」と言われた家康は、自分の領土を踏みにじられるのは耐えられないと、絶対に勝てないことをわかっていながらプライドをかけて信玄に挑み、そして破れました。この一見無謀な行動が武士としての信頼を得ることとなり、その後の天下統一につながったのです。逆に、メリージェーンに研究者としてのスポットライトが当たることは二度とありませんでした。

話をスプライシングの解釈に戻しましょう。私は自説を補強するデータを加えて論文を専門科学誌に投稿しました。すぐには採択されなかったのですが、第３世代の旗手シェクマンが編集者（論文の採択を決める責任者）を務めてくれました。彼が「あなたの解釈が正しいことを証明できれば採択する」と不採択を告げる手紙に書いてくれたので、その後も頑張って実験することができました。

ピーターの論文発表からほぼ1年かかりましたが、私の解釈が正しいことを証明した論文が専門科学誌の1997年10月号に掲載されました。驚いたことに、サンフランシスコの学会では自信満々だったピーターですが、自説の誤りに気づき、同じ年の11月に別の科学誌に発表した論文で修正しました。「HAC1・mRNAがスプライシングを受ける」とどうして「HAC1タンパク質が転写を実行する」のかの解釈は、私が提唱したとおりだったのです。

ここでもうひとつ重要なことは、HAC1・mRNAのスプライシングを行うのは、第3章で登場したスプライソソーム（多数のRNAとタンパク質でできた巨大な分子装置）ではないことです。本当に斬新な仕組みなのです。ピーターが、切断酵素（2ヵ所でハサミを入れて不要部分を取り除く）はIRE1自身であり、連結酵素（切られた後の必要部分をつなぐ）はtRNAリガーゼ（tRNAも特殊なスプライシングを受けることが知られています）であることを発見しました。このあたりはかなり専門的なので解説を省きますが、ピーターと私との間の激しい競争によって、この分野は大きく前進したのです。ピーターと私は、今では会えばハグする仲になっています。

話が難しくなりましたのでまとめましょう。小胞体内に構造異常タンパク質がいつも以上に蓄積すると、その情報が小胞体ストレスセンサーＩＲＥ１を介して特殊な仕組みで核へ伝わり、転写因子ＨＡＣ１が小胞体シャペロン遺伝子の転写を活性化する――これが酵母の小胞体ストレス応答の仕組みです。

コラム10

10万個の酵母から変異型酵母を見つけた方法

小胞体ストレス応答が行われると、小胞体シャペロンが増えます。そこで、小胞体シャペロンの量の変化を見れば、変異型酵母を探し出すことができます。しかし、酵母内の小胞体シャペロンの量を計るための実験には時間がかかり、10万個もの酵母を調べることはほぼ不可能です。この場合、レポーターと呼ぶ、計りやすいタンパク質を小胞体シャペロンの代わりに使うと、小胞体シャペロン量の変化をレポート（報告）してくれます。

酵母の場合、大腸菌に存在する「ガラクトシダーゼ」という酵素をレポーターとして使います。では、このレポーターが小胞体シャペロンと同様な挙動（ふるまい）を示すようにするには、どうすればよいのでしょうか。

第3章で、いつ、どこで、どれくらい遺伝子を発現させるかという情報は、プロモーターというところに書き込まれていると解説しました。さらに、プロモーターを換えれば、遺伝子の発現パターンを変更できることも解説しました。ですから、小胞体シャペロン遺伝子のプロモーターとガラクトシダーゼを暗号化している遺伝子を、遺伝子組換えでつないで野生型の酵母の中に入れてやればいいのです。小胞体シャペロン遺伝子を含めて酵母ゲノム内の遺伝子はすべてそのままで、小胞体シャペロン遺伝子のプロモーター‐ガラクトシダーゼ遺伝子を追加するのです（図6・4）。

この酵母に小胞体ストレスを与えてやると、小胞体シャペロン遺伝子の転写が活性化され、それと同時にガラクトシダーゼ遺伝子の転写も活性化されます。つまり、小胞体シャペロン量が増えると同時に、ガラクトシダーゼの量も増えるというわけです。

じつは、ガラクトシダーゼという酵素の量そのものを計ることも、実験的には時間がかかるのですが、酵素の活性を使えばとても簡単になります。活性を測定するには、まず酵母を寒天プレート上にまいて、増殖させます。栄養を十分に含んだ寒天を熱で溶かしてからシャーレに流し込むと、やがて冷えて固まり、寒天プレートができます。酵母を薄い懸濁《けんだく》状態にして、細胞がバラバラになるようにプレート上にまくと、一個一個の細胞がどんどん増殖し、それぞれが白い塊＝集落（コロニー）を寒天プレート上に作ります。上手にまくと、１

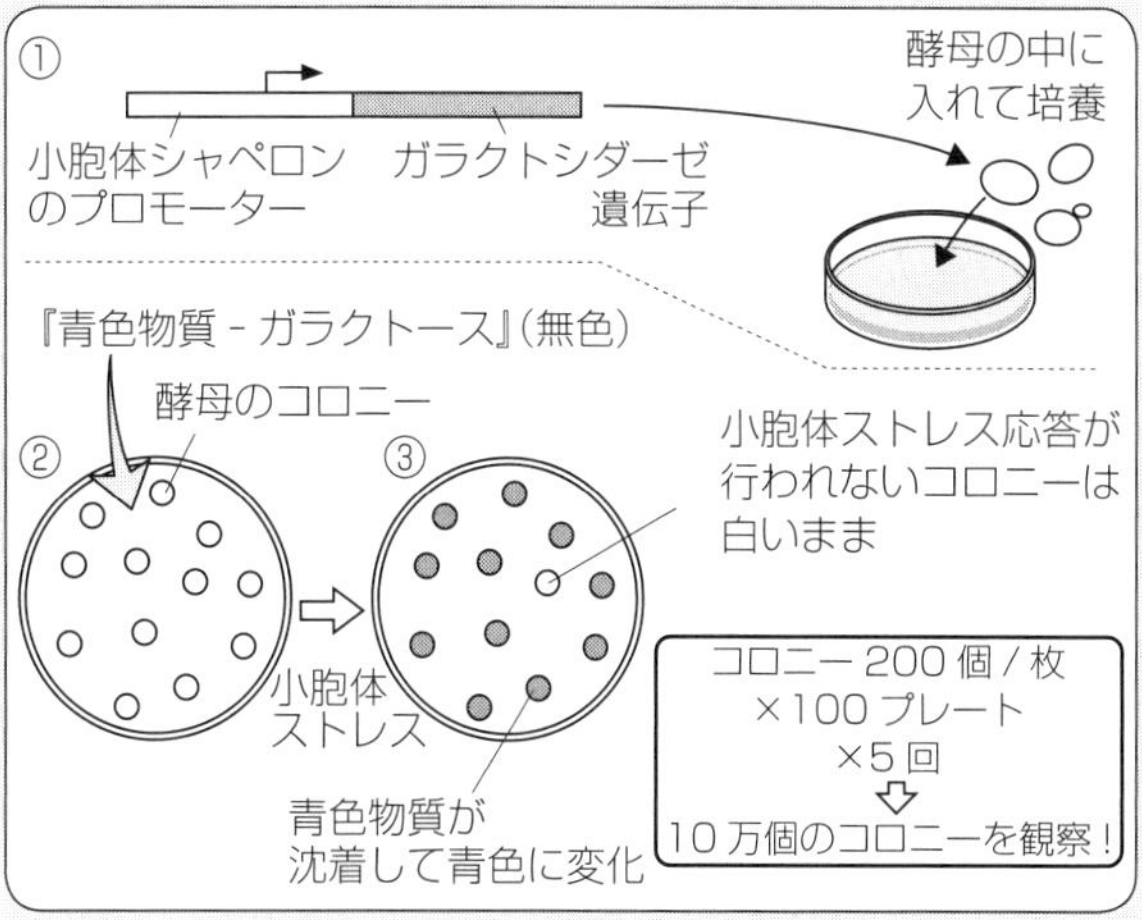

図6.4　変異型酵母を見つける実験

つの寒天プレート上に２００個くらいの白いコロニーを生やすことができます。

ガラクトシダーゼは、ガラクトースという糖と他の物質との間の共有結合を加水分解する酵素です。そこで、酵素反応を行わせる相手（基質）として、ガラクトースに「青色物質」を共有結合させた「青色物質-ガラクトース」という無色の化合物を使います。この化合物を寒天プレートの中にあらかじめしみ込ませておくと、寒天プレート上に生えた酵母のコロニーの中にもしみ込んでいきます。通常時の野生型の酵母では、小胞体シャペロン量やガラクトシダーゼ量はそれほど多くないので、「青色物質-ガラクトース」はほぼそのままの状態に保たれ、無色であり、それがしみ込んだ酵母も白いままです。

ところがこの状態の酵母に人為的に小胞体ストレスを与えてやると、小胞体シャペロンが転写誘導され、それと同時にガラクトシダーゼも転写誘導されます。すると、コロニー内でガラクトシダーゼの量が増え、酵素活性が高まります。その結果、「青色物質-ガラクトース」が加水分解されて、青色物質とガラクトースになります。青色物質をたくさん含んだコロニーは青色を呈します。すなわち、このレポーターを組み込んだ酵母内で小胞体ストレス応答が行われればコロニーが青色に変化し、小胞体ストレス応答に関与する遺伝子に傷がついたために応答が行われなければ白色のままです。

このような単純な青白の判別であれば、それほどきつい作業ではありません。でも、1プレートあたり200個ほどのコロニーがあるとして、100プレートを見て2万個です。10万個の青白を見ようとすれば、100プレートを見るのを5回繰り返さなければなりませんから、やはりかなりの肉体労働でした。半年かかりました。しかし、「うまくいけば面白い遺伝子が取れる」「人生が変わる」と期待していたからこそ、10万個の酵母から3個の変異型酵母を見つけることができたのです。

コラム11

欠陥遺伝子を見つける方法

野生型酵母のゲノムから約６０００個の酵母遺伝子を別々に切り出し、遺伝子群セットとして用意します。これを「ライブラリー」と呼びます。遺伝子の図書館です。ご想像の通り、ライブラリーは上手に作らないと、酵母の約６０００個の遺伝子をすべて収納することはできません。

次に、大量の変異型酵母細胞を用意し、野生型酵母から作ったライブラリーの遺伝子を導入します。しかし、遺伝子はなかなか酵母の中に入ってくれません。いっぺんに２つも３つもの遺伝子が入る確率は極めて低く、そのため、１つの変異型酵母細胞に１つの遺伝子が入ったものが約６０００個できることになります。

これらを先のコラム10で解説した手法を用い、寒天プレート上でそれぞれ増殖させると、コロニーを形成します。このとき、ライブラリーの遺伝子が入らなかった変異型酵母細胞は増殖できないように細工しています。

もっとも、私が実験をした１９９０年代初めは酵母のゲノム解読プロジェクト終了前で、酵母が何個の遺伝子を持っているかわかりませんでした。当時は、１万個以上のコロニーを同時に得ることができれば、酵母の全遺伝子をカバーできているのではないかと考えられていました。もし変異型酵母細胞に、欠陥遺伝子に相当する野生型の遺伝子が導入されれば、導入された正常遺伝子が欠陥遺伝子の代わりに働くので、この変異型酵母細胞は再び小胞体ストレス応答を示すようになります。つまり、小胞体ストレスを与えても白いままだったコロニーが、再び青色を呈するようになります。

ところが、この同時に1万個以上のコロニーを得るというのが、当時酵母遺伝学初心者だった私にはとても難しく、半年近く試行錯誤が続きました。研究室の2人のボスも酵母遺伝学には詳しくなく、よいアドバイスももらえませんでした。このような実験は、ある方法を試して3日後にうまくいったかどうかがわかる、という具合に時間がかかります。欠陥遺伝子探しがうまくいかなかったらどうしようか、競争に負けたらどうしようかなどといつも考えてしまいました。

その当時は、ピーター・ウォルターではなく、マーク・ローズというプリンストン大学の酵母研究のエキスパートと競争していることがわかっており、精神的にきつい時期でした。夜中に大量の汗をかいたり、昼間にはぼーっとしたりと、3ヵ月くらい自律神経失調症のような状態に陥りました。

あるとき、こんな状態は敵を利するだけだと気がつき、競争に負けることを考えないで目の前の実験に全力を尽くすことにしました。すると、良いアイデアが浮かんで、同時に得られた約１万５０００個のコロニーの中から、小さいけれどもとてもきれいな青色を呈しているコロニーを１個だけ発見することができたのです。このコロニーから、欠陥遺伝子に相当する正常型の遺伝子を取り出すことに成功しました。しかも、酵母遺伝学の初心者の私が目的遺伝子を見つけて、エキスパートのローズは見つけられませんでした。ビギナーズ・ラックかもしれませんが、やはり「ネバー・ギブアップ」ですよね。これ以降、私が競争を過度に意識することはなくなりました。

こうやって目的遺伝子を見つけると、10万個の酵母から見つけた３つの変異型細胞では、いずれもＩＲＥ１という遺伝子に傷がついていたことがわかりました。ＩＲＥ１遺伝子が取れたら、第２章のコラム４で解説したサンガー法を用いてＤＮＡの塩基配列を決定します。得られた塩基配列を遺伝暗号表で解読すると、開始コドンから始まって終止コドンで終わる、ＩＲＥ１タンパク質を暗号化している領域の情報が得られます。この酵母ＩＲＥ１遺伝子にはイントロンは存在せず、１１１５個のアミノ酸が連なったタンパク質を暗号化していることがわかりました。ＩＲＥ１の発見によって本当に私の人生は変わりました。

第7章

生命の基盤を解き明かす

——ヒトの小胞体ストレス応答研究の最前線

いよいよ最終章を迎えました。ここでは、ヒトなどの哺乳動物における小胞体ストレス応答についてお話ししましょう。

小胞体ストレス応答の重要性

第6章で、小胞体ストレス応答を私たちが持つ驚異の復元力と言い換えました。じつは、このような復元力を示すのは小胞体だけではありません。結合・解離型の分子シャペロンが存在する他の場所も、復元力を持っているのです。どこかわかりますか？　細胞質とミトコンドリアです。

細胞質に構造異常タンパク質が蓄積すると、細胞質の分子シャペロンが転写誘導され、蓄積した構造異常タンパク質の修復を試みます。この細胞応答は、歴史的経緯から「熱ショック応答」と呼ばれます。生卵を熱するとゆで卵になるのは、卵内のタンパク質の形が崩れ、さらに凝集して固まったためです。同じように、細胞に熱ショック（平熱プラス5℃の42℃）を与えると、細胞質のタンパク質が優先的に構造異常となります。その修復のために細胞質の分子シャペロンが転写誘導されるので、この現象は熱ショック応答と呼ばれるようになりました。

つまり、構造異常タンパク質がどこに蓄積するかによって、細胞はきちんと細胞応答を使い分けているのです。細胞質に蓄積すれば熱ショック応答、小胞体に蓄積すれば小胞体ストレス応答と、きちんと棲み分けがされています。両方に蓄積すれば、もちろん両方の細胞応答が活性化されます。賢いですよね。

じつは熱ショック応答は、小胞体ストレス応答よりも早く、１９６２年に発見され、その仕組みもいち早く解明されました。

熱ショック応答で修復される細胞質のタンパク質はみな細胞内にとどまっていて、他の細胞のタンパク質と交流（コミュニケーション）することはありません。熱ショック応答が重要な役割を果たすのは、がん細胞です。がん細胞が増殖するときには、タンパク質がたくさん作られますが、細胞質で正しい立体構造をとれないときには、熱ショック応答を使って修復しながら増殖を続けます。

ミトコンドリアにもストレス応答が存在すると考えられていますが、とくに哺乳動物では、分子機構がいまだにはっきりとは解明されていません。

これらに対して、ホルモンやホルモン受容体などの細胞間コミュニケーションに重要なタンパク質は、小胞体で高次構造を形成します。したがって、がん細胞だけでなく、広範囲に影響を及ぼします。

一例として、インスリンが働くときの仕組みで説明しましょう。糖尿病は文字どおり、尿中に高い濃度の糖（グルコース）が検出される病気です。ですが、これは結果であって、糖尿病に伴うさまざまな病態の原因ではありません。血液中の糖濃度（血糖値）を下げられなくなることが、糖尿病の本質です。血糖値が高い状態が続くと、糖が尿中に漏れ出ると同時に、血管にダメージを与えていろいろな症状が出るのです。

ですが、病気になったから血糖値が上がるのではなく、食事をとれば、誰でも血糖値が上がります。このとき、膵臓からインスリンが血液中に分泌され、肝臓・骨格筋・脂肪組織に働きかけて糖を血液中から取り込ませるので、血糖値が元の状態にまで下がります。肝臓などの細胞の表面には、インスリンが働きかける相手であるインスリン受容体が存在しています。インスリンがインスリン受容体に結合すると、インスリン受容体を表面に持つ肝臓などの細胞側で糖を取り込むための一連の反応が始まります。

第5章のコラム9で、酵素が作用する相手である基質と酵素を「鍵と鍵穴の関係」と説明しましたが、血糖値調節の場合は、インスリンが鍵でインスリン受容体が鍵穴です。両方ともきちんとした形のときだけ鍵（インスリン）が鍵穴（インスリン受容体）にピッタリとはまり、車（肝臓などの細胞）のエンジンを回転させるかのごとく、血糖値を下げることができます。この鍵（インスリン）も鍵穴（インスリン受容体）も小胞体で高次構造を形成するので、小胞体が正常に機能していないと、血糖値を調節することができなくなります。

これ以外にも、生命現象を支えている多くの事象は小胞体の機能に依存して（たよって）います。そのため、小胞体を健常に保つ小胞体ストレス応答が破綻すると、多くの病気の発症につながります。

美容に良いといわれて女性に人気のあるコラーゲンをご存知ですよね。テレビ番組でレポーターが、「コラーゲンたっぷりのお鍋をいただいたので、翌朝はお肌つるつるです」などと発言するので、コラーゲンは油のようなものだと誤解している人が多いかもしれませんが、コラーゲンはタンパク質です。

コラーゲンにはいくつもの種類がありますが、動物の全タンパク質の４分の１以上を占めています。体内で最も多量に存在するタンパク質です。アミノ酸がつながってできた長いひも３本がより合わさった固い棒状の三重らせん構造をしていて、細胞の外で細胞をしっかりと支えています。また、骨や軟骨の主要な成分でもあります。

コラーゲンも、小胞体で三重らせんという高次構造を形成してから細胞の外に出ます。そこで小胞体が正しく機能していないと、良いコラーゲンができず、肌荒れ状態になったり、骨や軟骨の形成がうまくいかなくなったりします。こんな場面でも、小胞体ストレス応答は重要な役割を果たしているのです。ところで、食物として摂取したコラーゲンは、胃の中で消化されて三重らせん構造を失ってしまいます。生じたアミノ酸はもちろん栄養になりますが、「コラーゲンたっぷりのお鍋をいただいたので、翌朝はお肌つるつる」には、残念ながら科学的根拠はありません。

次々見つかる小胞体ストレスセンサー

ピーターと私によって、酵母の小胞体ストレス応答の仕組みが明らかになりました。すなわち、小胞体ストレスセンサーIRE1が異常を感知すると、HAC1・mRNAのスプライシングが始まり、スプライシングされたHAC1・mRNAから転写因子HAC1が作られます。そのHAC1によって小胞体シャペロンが転写誘導されるというものです。このことが報告されると、ヒトの小胞体ストレス応答の仕組みを明らかにしようという国際的な競争が始まりました。

まず、ランディ・カウフマンとデイビッド・ロンが独立して、ヒトの遺伝子の中に酵母のIRE1遺伝子とよく似たものが存在することを1998年に報告しました。これは、酵母の小胞体ストレス応答の仕組みがヒトでも活用されていることを期待させる結果です。

この報告を受けて、世界中の研究者が酵母のHAC1に似たヒトのHAC1探しを始めました。「これがそうじゃないか」「あれがそうじゃないか」とたくさんの候補が現れたのですが、誰も本物を見つけることができませんでした。後にヒトを含めていろんな生物種のゲノムの塩基配列が明らかになると、HAC1遺伝子は多くの種類の酵母ゲノムには存在するが、多細胞生物のゲノムには存在しないことがわかりました。これはいったいどうなっているのでしょうか。

私が所属したエイチ・エス・ピー研究所は、最終的に創薬を目指していたので、ヒトの小胞体ストレス応答の仕組みをどうしても知る必要がありました。ただ、研究所の方針は、転写を中心に展開することだったので、私たちはＩＲＥ１のような小胞体ストレスセンサーには目もくれず、転写調節配列の解析を始めていました。この配列は、ヒトの小胞体シャペロン遺伝子をいつ、どこで、どれくらい発現させるか決めているプロモーター内に存在していて、小胞体ストレス時に小胞体シャペロン遺伝子の転写を活性化させるための太鼓です。

すでに１９７７年には、哺乳動物小胞体ストレス応答の原型が論文発表されていましたが、転写調節配列は複雑な様相を呈していて、多くの研究者の挑戦を20年以上もの間阻んでいました。しかし、連続した２つの塩基配列（ＣＣＡＡＴとＣＣＡＣＧ）が９塩基離れて存在するという分散構造を同僚の吉田秀郎がつきとめ、そのおかげで１９９８年に論文を発表することができました。

私たちはこの転写調節配列（太鼓）を手掛かりに転写因子（太鼓奏者）を探そうとしました。以前に酵母の転写因子ＨＡＣ１を見つけたときの手法（ワン・ハイブリッド法）が、ほぼそのまま哺乳動物の転写因子探しにも使えたので、吉田が実験を行い、ＡＴＦ６（エイティーエフシックス）とＸＢＰ１（エックスビーピーワン）という２つの転写因子を探し出す（クローニングする）ことに成功しました。

1998年に発表した転写調節配列の論文には、これら2つの転写因子の発見も記載しました。後に、私たちはこの2つともがヒトの小胞体ストレス応答において非常に重要な役割を果たしていることを証明できました。

1999年には、ロンがIRE1に続く第2の小胞体ストレスセンサーを発見し、PERK（パーク）と名付けて論文発表しました。IRE1とPERKには構造に似た部分があるので、同じような仕組みで小胞体ストレスを感知していると考えられます。ただし、PERKはIRE1とは異なる作用を発揮していました。小胞体ストレスを感知して活性化した酵母IRE1は、HAC1という転写因子を介して小胞体シャペロンを転写誘導しましたが、ヒトで見つかったPERKは、翻訳開始因子にリン酸を結合させることによって、翻訳を抑える作用を発揮します。

さらに、同僚の土師京介が、吉田が転写因子として見つけたATF6が第3の小胞体ストレスセンサーであることを発見して、PERKと同じ1999年に論文発表しました。酵母の小胞体ストレスセンサーはIRE1だけでしたが、ヒトはIRE1、PERK、ATF6と3つの小胞体ストレスセンサーを持っていました。ちょっとワクワクしませんか。どうしてヒトではセンサーの数が増えたのでしょうか？

センサーの数が増えた謎を解く前に、ヒトIRE1によってmRNAがスプライシングを受ける転写因子の話をしなければなりません。酵母ではIRE1によって、HAC1・mRNAがスプライシングを受け、ＨＡＣ１が作られますが、ヒトには酵母ＨＡＣ１とよく似ているものは存在していませんでした。そんな中、吉田はＡＴＦ６と一緒に見つけた転写因子ＸＢＰ１の研究を粘り強く続け、ヒトＸＢＰ１こそが酵母ＨＡＣ１に相当するものであることをつきとめました。

ヒトＸＢＰ１と酵母ＨＡＣ１の構造はあまり似ていないのですが、ＸＢＰ１・ｍＲＮＡが、ＨＡＣ１・ｍＲＮＡと同様に、スプライシングを受けることは共通していました。ただし、スプライシングによって除去される部分（イントロン）が、ＨＡＣ１の場合２５２塩基と長いので、すぐに塩基配列の変化がわかったのですが、ＸＢＰ１の場合は、たったの26塩基とイントロンが短かったため、塩基配列の変化を見つけにくかったのです。ここでも吉田の慧眼が威力を発揮しました。

私たちはこの結果をまとめて２００１年の夏に科学誌「セル」に投稿し、その年の最終号である12月28日号に論文が掲載されました。ロンも線虫の解析からＸＢＰ１・ｍＲＮＡのスプライシングに気付き、同じ年の夏に科学誌「ネイチャー」に投稿しました。ところが「ネイチャー」の２００１年最終号に間に合わず、論文が掲載されたのは２００２年１月３日号でした。わずか６日の違いですが、掲載が年度をまたぐというドラマが生まれました。先を越されたロンが悔しがったのは言うまでもありません。ともかく、このＸＢＰ１の発見によって、哺乳動物の小胞体ストレス応答をつかさどる役者が揃いました。

小胞体ストレス応答の進化

生物は、単細胞の原核生物から酵母のような単細胞真核生物へ、さらに多細胞真核生物へと進化しました。多細胞真核生物においても、線虫やショウジョウバエなどの無脊椎（背骨がない）動物からメダカのような背骨のある脊椎動物へと進化し、さらに鳥類、哺乳類、霊長類、ヒトへと進化しました。

小胞体ストレス応答は、真核細胞に共通して見いだされるシステムですが、生物の進化とともに小胞体ストレスセンサーの数が増え、巧妙さを増しているという特徴があります。

第6章の序盤で解説したように、小胞体にはタンパク質の品質管理機構が備わっています。小胞体内に構造異常タンパク質が生じたとき、多数の小胞体シャペロンによって構造異常タンパク質を修復するか、構造異常タンパク質を細胞質につまみ出して小胞体関連分解によって処分することができれば、小胞体は正常な状態に戻ります。これらの小胞体シャペロンと小胞体関連分解を実行するタンパク質（ユビキチン・プロテアソームではなく、構造異常タンパク質をつまみ出すときに働く多数のタンパク質）は、いずれも小胞体ストレス応答によって転写誘導され、小胞体ストレス時に量が増えます。

酵母では、小胞体ストレスセンサーはＩＲＥ１の１つしかないので、ＩＲＥ１によって小胞体シャペロンも小胞体関連分解を実行するタンパク質も同時に転写誘導されます。このシステムは、小胞体内に構造異常タンパク質が蓄積しても効率よく正常に戻すことができる応答のように見えます（図７・１、一番右のＩＲＥ１の項）。しかし、本当にそうでしょうか。

小胞体内では、ふだんから小胞体シャペロンも、小胞体関連分解を実行するタンパク質も存在して、働いています（小胞体シャペロンのほうが多量に存在します）。それにもかかわらず、構造異常タンパク質がいつも以上に蓄積すると、小胞体ストレス応答が発動されます。もしあなたが小胞体という工場の監督責任者だったら、不良品がいつも以上に作られているとき、小胞体シャペロンや小胞体関連分解を実行するタンパク質の増量、すなわち応援を呼ぶことをすぐに決断するでしょうか。正社員では人手が足りないので派遣社員を新規に雇うようなもので、それにはたくさんの費用（人件費）がかかります。細胞の中でも同じことで、たくさんのＡＴＰを使わなければなりません。

今日はなぜか不良品すなわち構造異常タンパク質が多いなあと感じた工場の監督責任者は、応援を呼ぶ前にベルトコンベアを止めて、どこに問題があるか、単に正社員が忙しすぎるだけなのか、怠けているのか点検するのではないでしょうか。ベルトコンベアを止める、すなわち細胞内ではタンパク質合成（翻訳）を止めるのが、第２の小胞体ストレスセンサーＰＥＲＫの役目です（図７・１、一番左のＰＥＲＫの項）。ＰＥＲＫは翻訳を抑えて、新たなタンパク質が小胞体内に流入するのを止めます。つまり、正社員（小胞体シャペロンや小胞体関連分解を実行するタンパク質）に時間的な余裕を与えて、不良品をできにくくするのです。

ＰＥＲＫは酵母にはなく、線虫のような無脊椎動物に進化してから出現しました。酵母のような単細胞生物は環境が悪いとその場から逃げたり、胞子を作ってその中に引きこもったりすることができるかもしれません。しかし、線虫のように１０００個の細胞からなる多細胞生物では、それぞれの細胞が役割分担しているので、逃げることも引きこもることもできませんから、構造異常タンパク質の蓄積に効率よく対処する方法が必要です。そのために、小胞体ストレス応答の仕組みが進化したのだと考えられます。

進化したヒトの小胞体ストレス応答の仕組み

線虫では、小胞体内に構造異常タンパク質がいつも以上に蓄積するとまず、ＰＥＲＫの働きによって翻訳を抑えて正社員が対処し、それでも対応が不十分なら、さらにＩＲＥ１の働きによって応援を呼んで対処します（ＰＥＲＫ→ＩＲＥ１）。でも、これで万全ではありません。

ＩＲＥ１の働きによって応援を呼べば、小胞体シャペロンと小胞体関連分解を実行するタンパク質が同時に増えます。つまり、２種類のタンパク質群が同時に増えると、競争するかのように構造異常タンパク質を取り合うことになるのではないでしょうか。そうなると、まだ修復できるタンパク質が小胞体関連分解を実行するタンパク質に捕って分解されてしまうので、この策は最善とはいえません。

そこで、哺乳動物になるとATF6が新たな機能を獲得し、ATF6が活性化されると小胞体シャペロンだけが増えるようになりました（図7・1、中央のATF6の項）。

IRE1、PERK、ATF6ではシグナル（合図）として情報を伝える仕組みがまったく違っていて、その効果が哺乳動物の細胞内で現れるのに時間差が生じます。まずPERKによって翻訳を抑制する効果が現れ、次にATF6による小胞体シャペロンの転写誘導が行われて小胞体シャペロンが増量し、最後にIRE1の効果が現れて、小胞体シャペロンと小胞体関連分解を実行するタンパク質の転写誘導（その結果としての増量）が行われます。

つまり哺乳動物では、構造異常タンパク質がいつも以上に蓄積すると、まず既存の（すでに小胞体の中にある）小胞体シャペロンが修復しようとします。小胞体内には、小胞体関連分解を実行するタンパク質よりはるかにたくさんの量の小胞体シャペロンが存在しています。このときPERKが活性化されて翻訳が抑えられるので、新たに小胞体にタンパク質が流入してくることはありません。そこで、既存の小胞体シャペロンは蓄積している構造異常タンパク質の修復に専念することができます。

これですべての構造異常タンパク質が修復されればOKなのですが、まだ構造異常タンパク質が残っていると、転写誘導のシステムが動き出します。PERKによる翻訳抑制は一過性で、しばらくすると効果が失われるようにプログラムされています。次にATF6が登場し、この作用によって増量した小胞体シャペロンが、蓄積している構造異常タンパク質を修復しようとします。

こうして人員を増やして修復を繰り返し、すべての構造異常タンパク質が修復されれば終わりです。ところが、まだ構造異常タンパク質が残っていると、こんどはIRE1の効果が現れ、小胞体シャペロンと小胞体関連分解を実行するタンパク質の両方が増量されるので、修復だけでなく分解も始まるのです。つまり、PERKやATF6が働いている最初のうちは、小胞体シャペロンが構造異常タンパク質をなるべく修復しようとしますが、それでもだめだったらIRE1の働きによって分解を始めるのです(図7・1)。

このように時間を区切って対応することで、せっかくたくさんのATPを使って作ったタンパク質をいきなり分解せずに、なるべく修復して使おうとします。いわば、「もったいない理論」であり、構造異常タンパク質への時間差攻撃ともいえます。

ホトトギスが鳴かないときにどうするかを詠んだ句が、戦国時代の三大武将である織田信長、豊臣秀吉、徳川家康の性格をよく表しています。意外にも、これが哺乳動物の小胞体ストレス応答の3つのセンサーにも当てはまります。

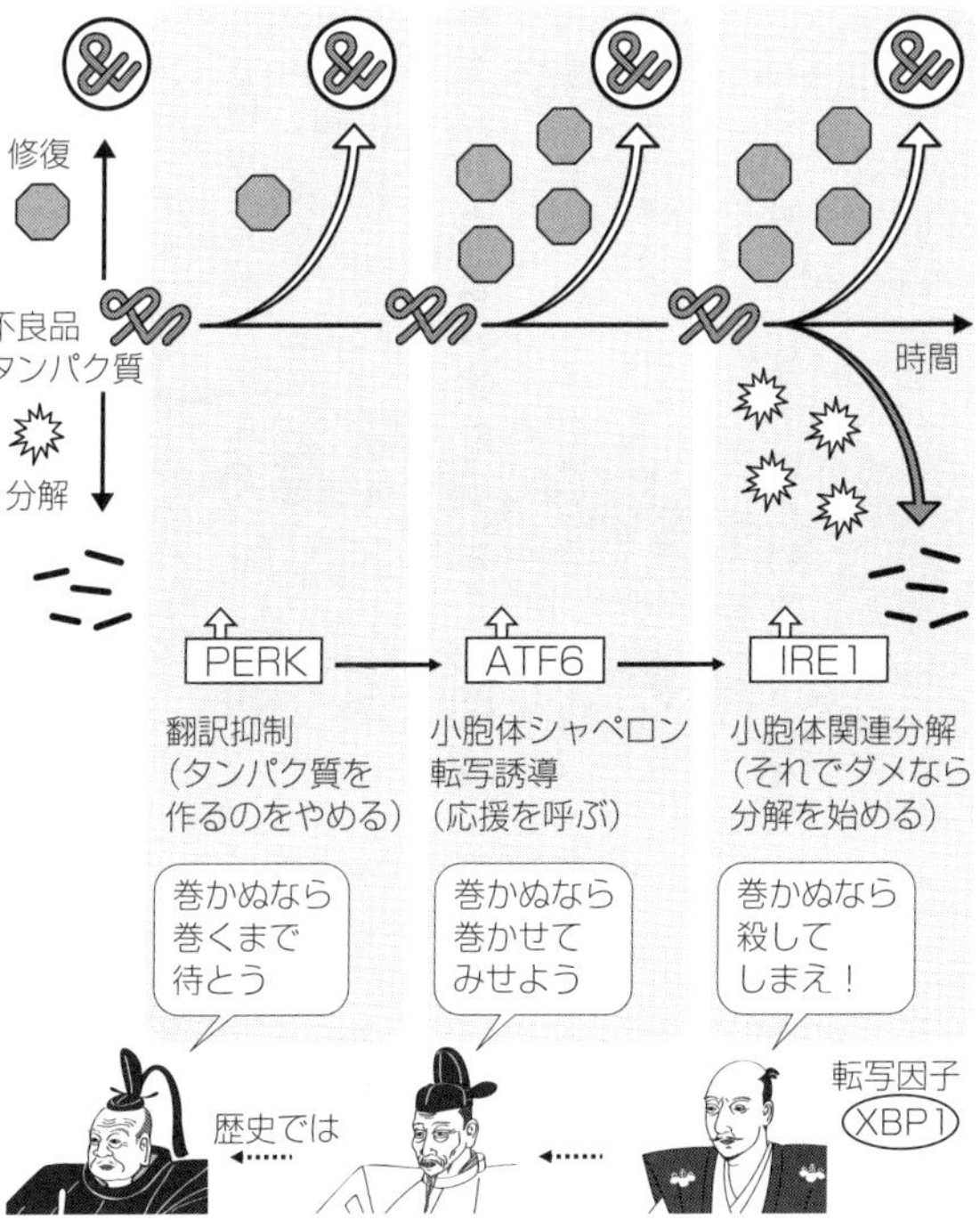

図7.1　**不良品タンパク質の時間差攻撃仮説**

「鳴かぬなら」を「正常な立体構造に折り畳まれぬなら（巻き戻されぬなら）」、つまり「巻かぬなら」と読み替えてみましょう。「鳴かぬなら鳴くまで待とう」の家康は、翻訳抑制で時間的余裕を与えるPERKです。「鳴かぬなら鳴かせてみせよう」の秀吉は、増量させた小胞体シャペロンで巻かせてみせようのATF6です。「鳴かぬなら殺してしまえ」の信長は、増量させた小胞体関連分解を実行するタンパク質によって分解処分するIRE1です。面白いのは、日本史では信長、秀吉、家康の順で登場したのですが、哺乳動物内では、家康つまりPERK、秀吉つまりATF6、信長つまりIRE1と、まったく逆の順番で登場することです。

さまざまな病気との関連

ここから、かなり最先端の研究結果が出てきて、少し難しく感じられるかもしれません。でも、ここまでの内容をご理解いただいたのであれば、それはものすごいことですよ。

では、小胞体ストレス応答を発動できないと、私たちにはどんな不都合が生じるのでしょうか。この答えを出すためには、IRE1（XBP1）、PERK、ATF6という3つの小胞体ストレスセンサーの遺伝子を別個に壊し、その機能をなくした個体を作って、何が起こるのかを調べます。もっとも、ヒトの個体を用いた実験は当然できないので、代わりに同じ哺乳動物であるマウスを用います。ノックアウトマウスと呼ばれる、目的の遺伝子だけを破壊したマウスを作ることで解析が行われました。この技術を開発したマリオ・カペッキ、マーティン・エヴァンス、オリヴァー・スミティーズの3人に、2007年のノーベル生理学・医学賞が授与されています。

ローリー・グリムヒャーは、IRE1下流の転写因子XBP1（このIRE1からXBP1への情報の流れをIRE1経路と呼びます）が破壊されたマウスは生まれてこないことを明らかにしました（このマウスでは、センサーIRE1が活性化しても、XBP1が存在しないので情報は伝わりません）。これを専門用語では「胎生致死《たいせいちし》」と呼びます。実験に使ったハツカネズミでは、母ネズミが20日間胎児を胎内に抱えています。XBP1ノックアウトマウスは、母ネズミの体内で胎児期の中間ぐらいの時点で死ぬことがわかりました。その原因は肝臓の発達不全でした。肝臓は、アルブミンを筆頭に、血液中を循環しているタンパク質の供給源です。大量に作られるこれらのタンパク質の品質管理に、IRE1経路が必須なのでした。そのためXBP1ノックアウトマウスでは、肝臓がうまく発達せず、死に至ったのです。

プロモーターをうまく使ったらこんなにも面白い実験ができるよという例として、グリムヒャーの実験を紹介しましょう。アルブミンを肝臓だけで発現させているアルブミン遺伝子のプロモーターに、XBP1遺伝子を遺伝子組換え技術でつないで、XBP1ノックアウトマウスに入れてやりました。そうするとXBP1を肝臓でだけ発現し、肝臓以外では発現しないマウスができます。このマウスの肝臓は正常に働くようになって、マウスは産まれてきました。ところが数日後に死にました。お腹を開けてみると、腸がまっ黄色でした。ミルクを消化できていなかったのです。肝臓が正常に働くようになると、次に影響が現れたのは、消化酵素をたくさん作っている膵臓でした。大量に作られている消化酵素の品質管理にも、ＩＲＥ１経路が重要な役割を果たしています。このあたりの理解のために、第3章の冒頭では、肝臓の細胞がアルブミンを合成し、膵臓の細胞が消化酵素を合成すると説明し、図3・4でそれぞれのプロモーターの働き方を解説しました。このように、タンパク質をたくさん作っている臓器に、ＩＲＥ１経路の遺伝子破壊の影響が出るのです。

ここで、混乱しないように、膵臓についての説明が必要ですね。膵臓は外分泌部（全体の90％以上）と内分泌部（10％以下）に分かれています。外分泌部は、種々の消化酵素を合成して分泌する腺房《せんぼう》細胞を含んでいます。一方、内分泌部はパウル・ランゲルハンスが発見したので、ランゲルハンス島と呼ばれています。その中にはホルモンを合成して分泌する3種類の細胞が存在します。α《アルファ》細胞（血糖値を高める作用を持つグルカゴンを分泌）、β《ベータ》細胞（インスリンを分泌）、δ《デルタ》細胞（グルカゴンとインスリンの分泌量を調節するソマトスタチンを分泌）の3つです。

ノックアウトマウスの話に戻ります。ロンは、ＰＥＲＫ破壊マウスは生まれてくるものの、やがて糖尿病を発症することを明らかにしました。

ランゲルハンス島内の膵臓β細胞で作られるインスリンの品質が悪くなると、細胞はＰＥＲＫを活性化して翻訳を抑え、既存の（すでに小胞体の中にある）小胞体シャペロンが構造異常インスリンの修復に取り組みます。その結果、インスリンの品質が改善されると、ＰＥＲＫを不活性化してまたインスリン合成を続けます。このようないわゆるブレーキワークによって、膵臓β細胞の恒常性が維持されています。

ところが、このブレーキ役のＰＥＲＫが破壊されると、膵臓β細胞はインスリンの品質が悪くなってもインスリンを作り続けます。すると、ブレーキの壊れたダンプカーが暴走するように歯止めが利かず、ついにアポトーシスという細胞死が起こって、膵臓β細胞が失われます。その結果、インスリンが作れなくなって糖尿病を発症してしまうのです。

また、幼児期に糖尿病を起こす「ウォルコット・ラリソン症候群」というヒトの遺伝病の原因遺伝子がＰＥＲＫであることもわかりました。このように、ヒトでもマウスでもＰＥＲＫが働かないと糖尿病を発症します。

この発見以降、さまざまな病気の発症や進展に、小胞体ストレスもしくは小胞体ストレス応答が関与しているという結果が続々と発表されています。私たちのような基礎研究者が小胞体ストレス応答の仕組みを明らかにしたことで、多くの医学研究者が自分が興味のある病気の発症や進展に小胞体ストレス応答が関与しているかどうかを調べることが可能になりました。

たとえば、小胞体シャペロンや小胞体関連分解を実行するタンパク質の量が増えているかどうか、XBP1・mRNAがスプライシングされているかどうか、翻訳開始因子がリン酸化修飾されているかどうかなどを調べれば、小胞体にストレスがかかっているかどうかがわかります。その結果、肥満、インスリン抵抗性、アルツハイマー病、パーキンソン病や筋萎縮性側索硬化症などの神経変性疾患、炎症性腸炎、心不全、心筋症、動脈硬化などに小胞体ストレスが関与していることが示されています。

また、熱ショック応答の場合と同様に、がん細胞は小胞体ストレス応答を悪用しながら増殖を続けていることもわかりました。塊となって増殖するがん細胞は、血管を新しく作って栄養や酸素を取り込もうとしますが、血管ができるまでには時間がかかりますので、その間は低栄養や低酸素に苦しんで、構造異常タンパク質が細胞質だけでなく小胞体にも蓄積するのです。その修復に小胞体ストレス応答が使われています。私たちは、小胞体ストレス応答を止める（阻害する）薬を見つければ、抗がん剤として有効なのではないかと考えて、探索を始めています。

脊索の形成にも欠かせない

すでに述べたように、哺乳動物では、ATF6が小胞体シャペロンの転写誘導を担っていました。酵母には小胞体ストレスセンサーがIRE1しかないので、IRE1が小胞体シャペロンの転写誘導を行っています。一方、哺乳動物では、そのＩＲＥ１とよく似た分子が存在しているにもかかわらず、ＩＲＥ１ではなくＡＴＦ６が小胞体シャペロンの転写誘導を行っています。すなわち、進化の過程のどこかで、小胞体シャペロンの転写誘導を行う小胞体ストレスセンサーが、ＩＲＥ１からＡＴＦ６にスイッチしたと考えられます。

カウフマンが線虫を、ジョナサン・ワイスマンがショウジョウバエを解析して、これら無脊椎動物では、酵母と同じくＩＲＥ１が小胞体シャペロンの転写誘導を行っていることを見いだしました。そこで、私たちは種々の生物種のゲノムを調べて、進化の過程で背骨ができたときにこのスイッチが行われたとの仮説を立て、メダカを解析しました。背骨を持つメダカは、脊椎動物の進化を調べるのに適したモデル生物です。実験の結果、メダカでは予想どおりＡＴＦ６が小胞体シャペロンの転写誘導を行っていました。

最後に、私たちが行ったＡＴＦ６を破壊したマウスとメダカの実験結果を紹介しましょう。ＡＴＦ６破壊マウスは生まれてきませんでした。妊娠後８日目に母親マウスのお腹を開けてもも胎児はおらず、小胞体シャペロンを転写誘導できないマウスは非常に早期の胎生致死となることもわかりました。逆に言うと、小胞体ストレス時に小胞体シャペロンを転写誘導して増量することが、哺乳動物の小胞体ストレス応答において最も重要であることがわかりました。ただ、ＡＴＦ６破壊マウスがあまりにも早期に死ぬので、母の胎内で育つ胎生のマウスでは死の原因を究明することができませんでした。

そこで卵生で、すべての発生過程を顕微鏡下で追跡することができるメダカを用いて解析しました。すると、背骨ができる前に体の軸として重要な働きをする脊索《せきさく》が、ATF6破壊メダカでは発達しませんでした。脊索では、コラーゲンなどの細胞外で働くタンパク質を大量に作っており、これらのタンパク質ももちろん小胞体を通って細胞外に出ます。その品質管理のために、ATF6の活性化を介した小胞体シャペロンの増量が必須なことがわかりました。

これで、小胞体ストレス応答が働かないとどんな不都合が生じるのか、3つの経路すべてで明らかになりました。現在は、小胞体シャペロンを転写誘導する小胞体ストレスセンサーがIRE1からATF6へスイッチしたことに、脊椎動物への進化上どのような意味（好影響）があったのか調べています。

小胞体ストレス応答は生命の基盤

私が小胞体ストレス応答の解析を始めてから28年目になりました。小胞体ストレス応答は、さまざまな生命現象が成立するように裏で支えている、細胞が持つ基本インフラ（下支え構造）である、というのが現在の私の結論です。ですから、いろんな場面で顔をのぞかせますし、この仕組みが破綻すれば病気になります。2014年に、ピーターと私がラスカー賞という米国の権威ある賞を受賞できたことは、これまでの私たちの研究が認められたことであり、小胞体ストレス応答が生物学の一分野としてゆるぎない地位を築いたことを意味すると思います。

しかし、小胞体ストレス応答には未解明なところがまだたくさん残されています。たとえば、タンパク質の構造が異常なことを、小胞体ストレスセンサーはどのようにして感知するのかはまだわかっていません。いまだに理解できていないことのほうが多いのです。

じつは、ＩＲＥ１、ＰＥＲＫ、ＡＴＦ６以外にもあと５個、ＡＴＦ６に似た小胞体ストレスセンサーを私たちは持っています。どうしてこんなにたくさん必要なのでしょうか。小胞体ストレス＝構造異常タンパク質の小胞体内蓄積、といっても、内容は場面や局面によって異なり、その時々で最適の小胞体ストレスセンサーが活性化されているという結果が得られ始めました。

ＩＲＥ１、ＰＥＲＫ、ＡＴＦ６は普遍的に存在する、つまり私たちが持つ60兆個の細胞すべてに存在する小胞体ストレスセンサーです。しかし、それらの遺伝子を破壊して働かないようにすると、肝臓、膵臓、脊索といった、それぞれ異なる臓器に影響が出ました。この臓器特異性の基盤は何なのでしょうか？

また、細胞によって小胞体ストレスに対する感受性が違っていることもわかりました。同じランゲルハンス島内の細胞であっても、インスリンを作っているβ細胞はＰＥＲＫを失うと死にましたが、グルカゴンというホルモンを作っているα細胞は、ＰＥＲＫを失ってもけっこう生き残っています。リゾチームという抗菌タンパク質を作っている消化管のパネート細胞は、XBP1を失うと死にますが、アディポネクチンというホルモンを作っている脂肪細胞は、XBP1を失っても大丈夫です。このような感受性の差が、作られているタンパク質の性質の差に基づくのか、細胞側の性質の違いに基づくのか、まったくわかっていません。

小胞体ストレスが一過性であると、これまで解説してきたように、あの手この手で細胞を守ろうとします。しかし、小胞体ストレスが持続すると、やがて細胞死が起こります。ある一定以上の細胞が失われると、臓器としての機能を発揮することができなくなり、ついに病気を発症します。

このような小胞体ストレスに起因する細胞死の仕組みについても、いろいろな説が出ていますが、本当のことはわかっていないと私は考えています。臓器ごとに、あるいは病気ごとに細胞死の仕組みが違うのかもしれません。とくに、復元力を働かせて細胞を守ろうとしている段階から、守ることを諦めて細胞死の決断をする「切り替え」がどのようにして行われているのかは、まったくわかっていません。これを解明できると、モヤモヤが吹き飛んで、病気の治療へと一気にブレークするかもしれません。20年間も不明であった、哺乳動物の小胞体シャペロン遺伝子のプロモーター内に存在する転写調節配列（太鼓）を見つけたことによって、一気にヒトの小胞体ストレス応答の解明が進んだように。

いつの日か（欧米ではその取り組みが始まっていますが）、小胞体ストレス応答の研究が本当に人類の健康と福祉に役立つことができるよう、私たち研究者はまだまだ力を尽くさねばなりません。最後まで本書にお付き合いいただきまして、ありがとうございました。お楽しみいただけたのであれば幸いです。

おわりに

本書の第6、7章で取り上げた小胞体ストレス応答の研究が極めて高く評価され、2014年にピーター・ウォルターと私はアメリカのノーベル賞といわれるアルバート・ラスカー基礎医学研究賞をいただくことができました。第4章をお読みいただければ、小胞体ストレス応答の研究分野が確立するまで、第1、第2、第3世代と研究が連綿と受け継がれてきたことをおわかりいただけたと思います。先人たちの研究を受け継いだ第4世代の研究者の一人として、私が本当に大きな新分野の誕生に立ち会い、分野の発展を牽引できたことに高い誇りと深い感慨を持っています。

その授賞式のあとに催された昼食会でのことです。受賞者としてスピーチすることになったのですが、選考委員長の挨拶、選考委員による受賞理由の説明につづき、5人の受賞者（基礎医学研究賞2人、臨床医学研究賞2人、特別賞1人）それぞれがスピーチを行うので、私に与えられた時間はわずか3分間でした。研究内容と謝辞は事前に取材をして印刷物として配る、出席者の半分は科学者ではないので、難しい内容にせず何か気の利いたことを話すように、との指示を受けていました。

そこで私は、私の人生を変えた3つのハッピーな出会いについて話しました。1つ目は分子生物学。その理由は「はじめに」で書いたとおりです。

2つ目は小胞体ストレス応答。私が大学院の学生だった時代、日本には博士研究員制度がなく、大学に残りたい者はアルバイトしながら席が空くのを待つというオーバードクターが問題となっていました。どうしようかと悩んでいたら、幸運にも地方大学の助手として招いてもらいました。そこで一生懸命働いて、与えられたテーマをそれ以上はないというところ（Cancer Researchというがん研究の一流科学誌での論文発表）まで持っていくことができました。さあ、これからは何か新しいことをしましょうと教授に進言しましたが、聞き入れてもらえません。このテーマでは将来の発展はないと見切っていたので、何かもっと面白い、もっと重要な研究をしたい。それだけ願って、地方公務員という安定した身分を捨ててアメリカに飛び出しました。そこで一生を捧げるに値する研究テーマと出会ったのです。

3つ目は、第6、7章に登場したワン・ハイブリッド法。由良所長のアドバイスがなければ、平凡な方法で酵母の転写因子HAC1を取っていたでしょう。その場合は、哺乳動物の転写因子ATF6とXBP1を取ることはできず、今日の状況は生まれていないのです。帰国して、由良所長と吉田に出会ったからこそかなった、まさにアメリカン・ドリームの日本版なのです。

これまでの人生を振り返って思うことは、「人間万事塞翁が馬」「人間至る処青山あり」、だから「自分を信じて挑戦」です。私は、他の人より少しだけ自分を信じる気持ちが強かったのだと思います。

今の若者たちは口癖のように「人の役に立ちたい」と言います。それはとても大事なことですが、身近なことで人の役に立つ以外に、研究をして、学問をすることによって新しい発見をし、その結果多くの研究者を巻き込んで、もっと多くの人の役に立つ道もあることを理解してもらえれば幸いです。

受験勉強では、答えが1つだけある問題を速く正確に解くことが求められますが、研究とは、誰も答えの知らない問題（謎）を解く作業で、とても大変ですが、やりがいのあるものなのです。

私は、30歳から10年間の博士研究員時代（米国テキサスでの4年半と京都のエイチ・エス・ピー研究所での5年半は非正規雇用）を経て、1999年4月に新設の京都大学大学院生命科学研究科の助教授に任用され、大学院生の指導を始めましたが、講義の担当はありませんでした。

2003年11月に大学院理学研究科教授となり、2004年4月から2回生向け「分子生物学」の講義（現在年間11回）を生命科学研究科の教員2人と分担して開始しました。準備も大変でしたが、こういう言い方で説明をするとこんな誤解を生むのか、という驚きの連続でした。誤解を生まない言い方になるよう絶えず修正し、受けた質問にうまく答えられなかったときには後で調べ直して、徐々に講義のレベルを上げていきました。２００６年４月からは、私１人で担当する３回生向け「細胞内情報発信学」の講義（前期のみ14回）を始めました。さらに、２０１０年からは、生命科学研究科の別の教員２人と分担して２回生向け「細胞生物学」の講義（前期のみ５回）を開始しました。

また、２００４年４月から全学共通科目「生命現象の生物物理学」を生物物理学教室の教授と分担して前期のみ２回担当しました。この講義は誰が受講してもよく、文系の人や高校で生物をまったく履修しなかった人から、生物で大学受験をした人まで、まったくヘテロ（異質）な集団でした。

このような受講生相手に90分２回の講義で、ワトソンとクリックから始めて最後は小胞体ストレス応答までもって行きました。難しすぎると、生物の素人は付いて来られません。やさしすぎると、生物で大学受験した人にはつまらないものになりますから、基本的な説明にはノーベル賞ネタを盛り込む等いろいろと工夫をしました。講義終了後、毎回用紙を渡し、講義の感想、質問、コメント等を４行以上書いてくれたら試験のときにおまけする、と告げて何か書いてもらいました。これを読むのが楽しみでもあり、また怖くもあるのですが、建設的な意見には真摯に対応してやはり徐々に講義のレベルを上げていきました。最近では、ほとんどの受講生に好評な講義になっていると自負しています。

本書は、この「生命現象の生物物理学」2回分の講義を下地にして、2回生向け「分子生物学」と「細胞生物学」の講義のエッセンスを加味し、一般の方々を対象として書き下ろしたものです。いわば、私の京大理学部での講義の集大成ともいえます。私の講義のレベルアップに貢献してくれた学生諸君に感謝します。

最後に、本文の執筆を補助し図の原案を考えてくれた佐藤成美さんと、図を綺麗に仕上げ私の細かい注文にきちんと対応してくれたイラストレーターの飯塚浩史さんに、感謝いたします。ブルーバックスの篠木和久さんがこの本の執筆依頼のために京都に来られたのは、私がカナダのガードナー国際賞を受賞した翌年の2010年だったでしょうか。それから5年以上の月日が流れました。その間、辛抱強く待ちながら時々適度な刺激を与えてくれたおかげで、昨年の夏から本気で書く気になりました。自転車通勤を電車とバスに変えて執筆時間を確保しました。そのせいで健康診断の数値は悪くなりましたが、なんとか書き上げることができました。私の原稿に的確な質問、コメント、助言を返してくれたおかげで、良い本に仕上がったと思います。深謝しております。

ミトコンドリアについて教えを乞うた京都産業大学の吉田賢右教授と遠藤斗志也教授、最終段階の原稿に目を通して貴重なアドバイスをくださった東京工業大学科学技術創成研究院の田口英樹教授に深甚なる謝意を表します。

シャペロンは、細胞にとって有害な疎水性アミノ酸の連なりに結合し、それらが不適切な相互作用をしないように一時的に寄り添うことによって、タンパク質が本来持っている(アンフィンゼンのドグマに基づく)高次構造形成能力を引き出しています。私も若い研究者たちのシャペロンでありたいと願っています。

立てた目標に向かって一直線に突き進んでいくことができる人は滅多にいません。さまざまな困難が立ちはだかります。私の人生もそうです。ですが、私たちのDNAは二重らせんです。目標を見失わないで前へ進めば、たとえ遠回りであっても、らせん階段を登るように、徐々に目標に近づいていきます。上を向いて行きましょう。

２０１６年５月

森　和俊

〈ま行〉

〈や行〉

〈ら・わ行〉

〈な行〉

〈は行〉

〈さ行〉

〈か行〉

索引

〈数字・アルファベット〉

N.D.C.464　244p　18cm

ブルーバックス　B-1944

細胞《さいぼう》の中《なか》の分子《ぶんし》生物学《せいぶつがく》

最新・生命科学入門

2016年 5 月20日　第 1 刷発行
2023年 4 月12日　第13刷発行

著者　森《もり》　和俊《かずとし》
発行者　鈴木章一
発行所　株式会社講談社
〒112-8001　東京都文京区音羽2-12-21
電話　出版　03-5395-3524
販売　03-5395-4415
業務　03-5395-3615
印刷所　（本文印刷）株式会社新藤慶昌堂
（カバー表紙印刷）信毎書籍印刷株式会社
製本所　株式会社国宝社

定価はカバーに表示してあります。

ISBN978－4－06－257944－5

発刊のことば

科学をあなたのポケットに

二十世紀最大の特色は、それが科学時代であるということです。科学は日に日に進歩を続け、止まるところを知りません。ひと昔前の夢物語もどんどん現実化しており、今やわれわれの生活のすべてが、科学によってゆり動かされているといっても過言ではないでしょう。

そのような背景を考えれば、学者や学生はもちろん、産業人も、セールスマンも、ジャーナリストも、家庭の主婦も、みんなが科学を知らなければ、時代の流れに逆らうことになるでしょう。

ブルーバックス発刊の意義と必然性はそこにあります。このシリーズは、読む人に科学的に物を考える習慣と、科学的に物を見る目を養っていただくことを最大の目標にしています。そのためには、単に原理や法則の解説に終始するのではなくて、政治や経済など、社会科学や人文科学にも関連させて、広い視野から問題を追究していきます。科学はむずかしいという先入観を改める表現と構成、それも類書にないブルーバックスの特色であると信じます。

一九六三年九月

野間省一

ブルーバックス　生物学関係書(I)

1073 へんな虫はすごい虫　安富和男
1176 考える血管　児玉龍彦／浜窪隆雄
1341 食べ物としての動物たち　伊藤 宏
1391 ミトコンドリア・ミステリー　林 純一
1410 新しい発生生物学　木下 圭／浅島 誠
1427 筋肉はふしぎ　杉 晴夫
1439 味のなんでも小事典　日本味と匂学会＝編
1472 DNA（上）　ジェームス・D・ワトソン／アンドリュー・ベリー　青木 薫＝訳
1473 DNA（下）　ジェームス・D・ワトソン／アンドリュー・ベリー　青木 薫＝訳
1474 クイズ　植物入門　田中 修
1507 新しい高校生物の教科書　栃内 新／左巻健男＝編著
1528 新・細胞を読む　山科正平
1537 「退化」の進化学　犬塚則久
1538 進化しすぎた脳　池谷裕二
1565 これでナットク！　植物の謎　日本植物生理学会＝編
1592 発展コラム式　中学理科の教科書　第2分野（生物・地球・宇宙）　石渡正志／滝川洋二＝編
1612 光合成とはなにか　園池公毅
1626 進化から見た病気　栃内 新
1637 分子進化のほぼ中立説　太田朋子
1647 インフルエンザ　パンデミック　河岡義裕／堀本研子

1662 老化はなぜ進むのか　近藤祥司
1670 森が消えれば海も死ぬ　第2版　松永勝彦
1681 マンガ　統計学入門　アイリーン・マグネロ＝文　ボリン・V・ルーン＝絵　神永正博＝監訳　井口耕二＝訳
1712 図解　感覚器の進化　岩堀修明
1725 魚の行動習性を利用する釣り入門　川村軍蔵
1727 iPS細胞とはなにか　朝日新聞大阪本社科学医療グループ
1730 たんぱく質入門　武村政春
1792 二重らせん　ジェームス・D・ワトソン　江上不二夫／中村桂子＝訳
1800 ゲノムが語る生命像　本庶 佑
1801 新しいウイルス入門　武村政春
1821 これでナットク！　植物の謎Part2　日本植物生理学会＝編
1829 エピゲノムと生命　太田邦史
1842 記憶のしくみ（上）　ラリー・R・スクワイア／エリック・R・カンデル　小西史朗／桐野 豊＝監修
1843 記憶のしくみ（下）　ラリー・R・スクワイア／エリック・R・カンデル　小西史朗／桐野 豊＝監修
1844 死なないやつら　長沼 毅
1849 分子からみた生物進化　宮田 隆
1853 図解　内臓の進化　岩堀修明

ブルーバックス　生物学関係書（II）

1861	発展コラム式　中学理科の教科書　改訂版　生物・地球・宇宙編	石渡正志／滝川洋二＝編
1872	マンガ　生物学に強くなる	堂嶋大輔＝作　渡邊雄一郎＝監修
1874	もの忘れの脳科学	苧阪満里子
1875	カラー図解　アメリカ版　大学生物学の教科書　第4巻　進化生物学	D・サダヴァ他　石崎泰樹　斎藤成也＝監訳
1876	カラー図解　アメリカ版　大学生物学の教科書　第5巻　生態学	D・サダヴァ他　石崎泰樹　斎藤成也＝監訳
1889	社会脳からみた認知症	伊古田俊夫
1898	哺乳類誕生　乳の獲得と進化の謎	酒井仙吉
1902	巨大ウイルスと第４のドメイン	武村政春
1923	コミュ障　動物性を失った人類	正高信男
1929	心臓の力	柿沼由彦
1943	神経とシナプスの科学	杉　晴夫
1944	細胞の中の分子生物学	森　和俊
1945	芸術脳の科学	塚田　稔
1964	脳からみた自閉症	大隅典子
1990	カラー図解　進化の教科書　第1巻　進化の歴史	カール・ジンマー　ダグラス・J・エムレン　更科　功／石川牧子／国友良樹＝訳
1991	カラー図解　進化の教科書　第2巻　進化の理論	カール・ジンマー　ダグラス・J・エムレン　更科　功／石川牧子／国友良樹＝訳
1992	カラー図解　進化の教科書　第3巻　系統樹や生態から見た進化	カール・ジンマー　ダグラス・J・エムレン　更科　功／石川牧子／国友良樹＝訳
2010	生物はウイルスが進化させた	武村政春
2018	カラー図解　古生物たちのふしぎな世界	土屋　健／田中源吾＝協力
2034	ＤＮＡの98％は謎	小林武彦
2037	我々はなぜ我々だけなのか	川端裕人／海部陽介＝監修
2070	筋肉は本当にすごい	杉　晴夫
2088	植物たちの戦争	日本植物病理学会＝編著
2095	深海——極限の世界	藤倉克則・木村純一＝編著　海洋研究開発機構＝協力
2099	王家の遺伝子	石浦章一
2103	我々は生命を創れるのか	藤崎慎吾
2106	うんち学入門	増田隆一
2108	ＤＮＡ鑑定	梅津和夫
2109	免疫の守護者　制御性Ｔ細胞とはなにか	坂口志文／塚﨑朝子
2112	カラー図解　人体誕生	山科正平
2119	免疫力を強くする	宮坂昌之
2125	進化のからくり	千葉　聡
2136	生命はデジタルでできている	田口善弘
2146	ゲノム編集とはなにか	山本　卓
2154	細胞とはなんだろう	武村政春

ブルーバックス　医学・薬学・心理学関係書(I)

921 自分がわかる心理テスト　芦原　睦／桂　戴作＝監修
1021 人はなぜ笑うのか　志水　彰／角辻　豊／中村　真
1063 自分がわかる心理テストPART2　芦原　睦＝監修
1117 リハビリテーション　上田　敏
1176 考える血管　児玉龍彦／浜窪隆雄
1184 脳内不安物質　貝谷久宣
1223 姿勢のふしぎ　成瀬悟策
1258 男が知りたい女のからだ　河野美香
1315 記憶力を強くする　池谷裕二
1323 マンガ　心理学入門　N・C・ベンソン／清水佳苗／大前泰彦＝訳
1391 ミトコンドリア・ミステリー　林　純一
1418 「食べもの神話」の落とし穴　髙橋久仁子
1427 筋肉はふしぎ　杉　晴夫
1435 アミノ酸の科学　櫻庭雅文
1439 味のなんでも小事典　日本味と匂学会＝編
1472 DNA(上)　ジェームス・D・ワトソン／アンドリュー・ベリー　青木　薫＝訳
1473 DNA(下)　ジェームス・D・ワトソン／アンドリュー・ベリー　青木　薫＝訳
1500 脳から見たリハビリ治療　久保田競／宮井一郎＝編著
1504 プリオン説はほんとうか？　福岡伸一
1531 皮膚感覚の不思議　山口　創
1551 現代免疫物語　岸本忠三／中嶋　彰

1626 進化から見た病気　栃内　新
1633 新・現代免疫物語「抗体医薬」と「自然免疫」の驚異　岸本忠三／中嶋　彰
1647 インフルエンザ　パンデミック　河岡義裕／堀本研子
1662 老化はなぜ進むのか　近藤祥司
1695 ジムに通う前に読む本　桜井静香
1701 光と色彩の科学　齋藤勝裕
1724 ウソを見破る統計学　神永正博
1727 iPS細胞とはなにか　朝日新聞大阪本社　科学医療グループ
1730 たんぱく質入門　武村政春
1732 人はなぜだまされるのか　石川幹人
1761 声のなんでも小事典　和田美代子／米山文明＝監修
1771 呼吸の極意　永田　晟
1789 食欲の科学　櫻井　武
1790 脳からみた認知症　伊古田俊夫
1792 二重らせん　ジェームス・D・ワトソン／江上不二夫／中村桂子＝訳
1800 ゲノムが語る生命像　本庶　佑
1801 新しいウイルス入門　武村政春
1807 ジムに通う人の栄養学　岡村浩嗣
1811 栄養学を拓いた巨人たち　杉　晴夫
1812 からだの中の外界　腸のふしぎ　上野川修一
1814 牛乳とタマゴの科学　酒井仙吉

ブルーバックス　医学・薬学・心理学関係書(III)

2054 もうひとつの脳　R・ダグラス・フィールズ　小西史朗＝監訳　小松佳代子＝訳
2057 分子レベルで見た体のはたらき　平山令明
2062 「がん」はなぜできるのか　国立がん研究センター研究所＝編
2064 心理学者が教える　読ませる技術　聞かせる技術　海保博之
2073 「こころ」はいかにして生まれるのか　櫻井　武
2082 免疫と「病」の科学　宮坂昌之／定岡　恵
2112 カラー図解　人体誕生　山科正平
2113 ウォーキングの科学　能勢　博
2127 カラー図解　分子レベルで見た薬の働き　平山令明
2146 ゲノム編集とはなにか　山本　卓
2151 「意思決定」の科学　川越敏司
2152 認知バイアス　心に潜むふしぎな働き　鈴木宏昭
2156 新型コロナ　7つの謎　宮坂昌之

ブルーバックス　化学関係書

969 化学反応はなぜおこるか　上野景平
1152 酵素反応のしくみ　藤本大三郎
1188 金属なんでも小事典　増本 健＝監修　ウォーク＝編著
1240 ワインの科学　清水健一
1296 暗記しないで化学入門　平山令明
1334 マンガ　化学式に強くなる　高松正勝＝原作　鈴木みそ＝漫画
1508 新しい高校化学の教科書　左巻健男＝編著
1534 化学ぎらいをなくす本（新装版）　米山正信
1583 熱力学で理解する化学反応のしくみ　平山令明
1591 発展コラム式　中学理科の教科書　第1分野（物理・化学）　滝川洋二＝編
1646 水とはなにか（新装版）　上平 恒
1710 マンガ　おはなし化学史　松本 泉＝原作　佐々木ケン＝漫画
1729 有機化学が好きになる（新装版）　米山正信／安藤 宏
1816 大人のための高校化学復習帳　竹田淳一郎
1849 分子からみた生物進化　宮田 隆
1860 発展コラム式　中学理科の教科書　改訂版　物理・化学編　滝川洋二＝編
1905 あっと驚く科学の数字　数から科学を読む研究会
1922 分子レベルで見た触媒の働き　松本吉泰
1940 すごいぞ！　身のまわりの表面科学　日本表面科学会
1956 コーヒーの科学　旦部幸博
1957 日本海　その深層で起こっていること　蒲生俊敬
1980 夢の新エネルギー「人工光合成」とは何か　光化学協会＝編　井上晴夫＝監修
2020 「香り」の科学　平山令明
2028 元素118の新知識　桜井 弘＝編
2080 すごい分子　佐藤健太郎
2090 はじめての量子化学　平山令明
2097 地球をめぐる不都合な物質　日本環境化学会＝編著
2185 暗記しないで化学入門　新訂版　平山令明

ブルーバックス12cm CD-ROM付

BC07 ChemSketchで書く簡単化学レポート　平山令明

ブルーバックス　物理学関係書（I）

- 79 相対性理論の世界　J・A・コールマン　中村誠太郎＝訳
- 563 電磁波とはなにか　後藤尚久
- 584 10歳からの相対性理論　都筑卓司
- 733 紙ヒコーキで知る飛行の原理　小林昭夫
- 911 電気とはなにか　室岡義広
- 1012 量子力学が語る世界像　和田純夫
- 1084 図解　わかる電子回路　加藤　肇／見城尚志／高橋　久
- 1128 原子爆弾　山田克哉
- 1150 音のなんでも小事典　日本音響学会＝編
- 1174 消えた反物質　小林　誠
- 1205 クォーク　第2版　南部陽一郎
- 1251 心は量子で語れるか　ロジャー・ペンローズ／A・シモニー／N・カートライト／S・ホーキング　中村和幸＝訳
- 1259 光と電気のからくり　山田克哉
- 1310 「場」とはなんだろう　竹内　薫
- 1380 四次元の世界（新装版）　都筑卓司
- 1383 高校数学でわかるマクスウェル方程式　竹内　淳
- 1384 マックスウェルの悪魔（新装版）　都筑卓司
- 1385 不確定性原理（新装版）　都筑卓司
- 1390 熱とはなんだろう　竹内　薫
- 1391 ミトコンドリア・ミステリー　林　純一
- 1394 ニュートリノ天体物理学入門　小柴昌俊
- 1415 量子力学のからくり　山田克哉
- 1444 超ひも理論とはなにか　竹内　薫
- 1452 流れのふしぎ　石綿良三／根本光正＝著　日本機械学会＝編
- 1469 量子コンピュータ　竹内繁樹
- 1470 高校数学でわかるシュレディンガー方程式　竹内　淳
- 1483 新しい物性物理　伊達宗行
- 1487 ホーキング　虚時間の宇宙　竹内　薫
- 1509 新しい高校物理の教科書　山本明利／左巻健男＝編著
- 1569 電磁気学のABC（新装版）　福島　肇
- 1583 熱力学で理解する化学反応のしくみ　平山令明
- 1591 発展コラム式　中学理科の教科書　第1分野（物理・化学）　滝川洋二＝編
- 1605 マンガ　物理に強くなる　関口知彦＝原作　鈴木みそ＝漫画
- 1620 高校数学でわかるボルツマンの原理　竹内　淳
- 1638 プリンキピアを読む　和田純夫
- 1642 新・物理学事典　大槻義彦／大場一郎＝編
- 1648 量子テレポーテーション　古澤　明
- 1657 高校数学でわかるフーリエ変換　竹内　淳
- 1675 量子重力理論とはなにか　竹内　薫
- 1697 インフレーション宇宙論　佐藤勝彦

ブルーバックス　物理学関係書（II）